不要只是
看起来很努力

采桑子——著

吉林出版集团股份有限公司

图书在版编目（CIP）数据

不要只是看起来很努力 / 采桑子著. —长春：吉林出版集团股份有限公司，2017.11
 ISBN 978-7-5581-4643-5
 Ⅰ.①不… Ⅱ.①采… Ⅲ.①成功心理-通俗读物
Ⅳ.①B848.4-49

中国版本图书馆CIP数据核字（2018）第099127号

不要只是看起来很努力

著　　者	采桑子
责任编辑	王　平　史俊南
特约编辑	李婷婷
封面设计	象上品牌设计
开　　本	880mm×1230mm　1/32
字　　数	150千字
印　　张	7.5
版　　次	2018年6月第1版
印　　次	2018年6月第1次印刷
出　　版	吉林出版集团股份有限公司
电　　话	总编办：010-63109269
	发行部：010-81282844
印　　刷	北京京丰印刷厂

ISBN 978-7-5581-4643-5　　　　　　　　　定价：46.00元
版权所有　侵权必究

不要只是看起来很努力
目 录

第一章 不怕不努力，就怕无用功

一定要有明确的目标	002
与时俱进，及时调整	006
调整不等于放弃，顽固也不是坚定	008
找准自己的定位	011
做事情要有强烈的欲望	016
模仿别人只会让自己落伍	021

第二章 做不到这些，努力也没用

寻找自己的优势所在	026
在实践中不断学习，善读无字之书	031
比智者多一份胆量，比弱者多一份坚强	036
勇于挑战自我，超越自我	040
把简单的事做到极致	044
在一天结束时，别忘记回味今天所做的事	048
等待机遇不如创造机遇	051
迎接机遇要有强烈的竞争意识	054

第三章
没有好的心态，努力也是徒劳

驾驭自己的消极情绪	060
困境之下，放松自己	064
在困难面前要积极思考	068
从挫折中汲取教训	072
不要盲目和别人攀比	076
失败唤起我们的雄心	079

第四章
努力也是有窍门的

保持危机感，同时也要看到契机	084
别只顾着埋头拉车	088
选择并非越多越好	092
以智取胜才是上策	096
每天都要取得进步	099
认真是做好小事的前提	104
用精细化来严格要求自己	108
方法总比困难多，不要固守死理	113

第五章

瞎忙不如巧忙

停止挥霍，收回被浪费的时间	118
做最应该做的事情	122
设定完成目标的时限	128
第一次就把事情做好	132
远离穷忙、瞎忙的陷阱	137
既要努力工作，更要聪明执行	141
掌握拆分之法，将复杂的工作简单化	145

第六章

正在努力的你要看到未来的自己

给自己一个正确的评价	150
你的现在不是你的未来	154
自我完善比接受教育更重要	157
利用现有资源提高自己	162
让思维突破束缚，让思想冲破牢笼	166
勇于突破，才能走得更远	171

第七章
前进的路上，不妨适当停下来想想

给你的任务定质定量，一切做到心中有数	176
学会逆向思考，成功者和别人想的不一样	179
要提升胆识，更要做足准备	183
多角度思考，不要在得到一个答案时就止步	186
把握思考的方向，做事才能事半功倍	190
在自省中不断完善自己	194
不要在"随大流"中迷失自己	198

第八章
抛开浮躁的心绪

克服负面情绪，让自己更阳光	204
抛弃浮躁，成功不能一蹴而就	208
脚踏实地，不好高骛远	213
勤奋不只是劳力，还要劳心	217
拒绝浮躁，做事不要贪大	223
做好计划，才是聪明的选择	227

第一章 不怕不努力,就怕无用功

一定要有明确的目标

对于一个想要实现目标的人来讲，不管外在看来如何难于实现或是怎样高远，不管事物有着多么渺茫的发展前景，若是能全力以赴地使它具体化，能意志坚定地追求和努力付出，目标最终就会达成，真真实实地出现在生活中。

然而，若是空有理想而不去为之努力奋斗，意志不够坚定，或对自己理想的渴望不够强烈，理想就会渐趋消亡，永远都不会被实现。

具备具体且明确的目标的前提下，我们才能在它的指引下有效地实现人生价值。在坚持目标和坚持不懈地实现目标的坚定意志的联合下，将迸发出一种创造力。对目标的强烈渴望、坚持不懈地追求和持之以恒的努力付出，它们一起作用的结果是，目标达成。

若是你希望自己能在某一领域有番作为，那么你就要专心致志地致力于使之具体化，并且对它你不能中途放弃。执着于自己的目标并持之以恒地努力付出，直至你的人生价值被最大限度地提升，目标达成。

1984年，在东京国际马拉松邀请赛中，日本选手山田本一夺得了世界冠军。这令人非常吃惊。当记者问他是怎样取得这一惊人的成绩时，他回答说："靠智慧战胜了对手。"

山田本一的回答令许多人认为这个矮个子冠军是在故弄玄虚。因为马拉松赛是一项体力和耐力的运动，只要身体素质好又有耐力，就可能拿到冠军。至于爆发力和速度都是次要的，更别说是用智慧取得胜利的，真是有些牵强。

两年过后，在意大利北部城市米兰又一次举行了国际马拉松邀请赛，山田本一代表日本也参加了比赛。这一次，他依然获得了冠军。当记者再次让他谈成功经验时，一向不善言谈的他回答依旧是上次那句话："靠智慧战胜了对手。"

这回，记者没有在报纸上挖苦他，但是却十分不解"靠智慧战胜了对手"，这智慧究竟是什么呢？

10年后，终于解开了智慧之谜。在山田本一的自传中，他说每次比赛之前，我都要骑车把比赛的路线仔细地看一遍，并将沿途比较醒目的标志画下来，例如第一个标志是银行；第二个标志是一棵大树；第三个标志是一座红房子……这样一直画到赛程的终点。当比赛开始后，我就以百米的速度奋力地向第一个目标冲去，等到达第一个目标后，我又以同样的速度向第二个目标冲去。就这样，我把40多公里的赛程分解成几个小目标，轻松地到达了终点。开始的时候，我并不知道这个道理，只是把目标定在40多公里以外终点线上的那面旗帜上，结果只跑了十几公里，我就累得全身疲惫，没有一点力气，看到前面那段遥远的路程我就望而却步了。

让自己的心灵变得纯净，树立高远的理想。这样我们的一生都会受益，我们的个性因此变得愈发张扬，生活也会越来越美好。

伟大目标激励一个人成为伟大的人，因为目标远大会创造人生的火花，使人取得成就。只有目标远大，才能激发你奋斗的力量。

每一个人对成功的看法都不一样，他们为自己设定的目标也会有所不同。每一个人都是独特的——有着不同的需要、希望和价值观，也有着不同的优点。如果是我们违背自己的本质，不尊重自己的独特性，那么不论我们怎样努力，我们永远和成功无缘。

伟大目标激励一个人成为伟大的人，因为目标远大会创造人生的火花，使人取得成就。正如约翰贾伊·查普曼说的："世人历来最敬仰的是目标远大的人，其他人无法与他们相比——贝多芬的交响乐、亚当·斯密的《国富论》以及人们赞同的任何人类精神产物——你热爱他们，因为你说，这些东西不是做出来的，而是他们的真知灼见发现的。"

　　在你投入你的全部思想意识后，你的人生目标会愈加有方向性。你梦想的实现和价值的体现必然发生在你思想集中之后。若是你极富才华，能够保持积极向上的精神状态，能持之以恒地为之努力付出，那么这种渴望人生更美好的愿景，必胜的信念，将会铸就你最后的成功。

　　在很多人的意识中，拥有太丰富的想象力是件很危险的事，人们会因为它而浮想联翩。其实，和我们自身具备的其他能力一样，想象力也是崇高的。在被制造之初，上帝赋予了我们这项能力，这是别有用意的。因为它，我们得以生活在理想中，即便是身处艰难甚至是绝望的境地时，我们仍能在它的催促下进行工作。

与时俱进，及时调整

众所周知，目标与现实之间永远都存在着时间差。我们订立目标的时候是过去，而目标的实现却是在现在或将来。现实不会因为我们制定了目标而有丝毫的改变，所以，为了实现目标，变的只能是我们。

某房地产发展有限公司是当地著名的明星企业，公司的老总小郑更是青年企业家的典型代表。年初，在董事会上，小郑制定了今后三年的公司发展规划，计划在五年内，公司发展规模扩大一倍，员工数量增加三千，并在市中心开发一个高档别墅区。然而，谁都没想到，金融危机突然席卷东南亚，房产界遭遇前所未有的沉重打击，公司发展陷入困境，许多董事都坚持按照既定发展方案继续建设高档别墅，而小郑却毅然决然地做出了调整规划的决定。为此，部分董事离开了公司，另起炉灶。

在原定建设别墅区的土地上，小郑建设了一个经济适用房小区，全部都是小户型，温馨别致，价格也十分公道。小区建设还没有完成，在建中的楼房就被抢购一空。公司不仅收回了全部先期投资，还获得了巨额的利润。小郑也因为响应国家政策，得到了市政府的表彰，名利双收。而当初坚持离开公司的董事们，也在毗邻小区的一块地上，建起了豪华别墅，只不过，这些别墅，直到五年后都还没有卖出去。

小郑成功了，为何？因为他懂得变通，懂得与时俱进，懂得灵活对待目标！

目标，是一个方向，一个指引，一盏引航的明灯，既然已经确定，我们自然不能够轻易去改变。但通向目标的路却不是不变的，它没有被界定，要怎么走完全由我们自己的脚来决定。

调整不等于放弃，顽固也不是坚定

有人说，我们要坚定，我们要坚持，我们要守护自己的理想，我们不能放弃，然而，一条道走到黑就是我们的坚持吗？撞了南墙也不回头就是我们的守护吗？

不，这不是坚持，不是坚定，而是顽固！

事情在变化，现实在变化，通向理想和目标的路也在变化，而我们的思想和脚步却永远都保持着固有的频率，一成不变，最后我们会走向何方？

小林和小张是大学同学，毕业以后同时进入一家电子公司上班，他们虽然是好朋友，工作方式却有着天壤之别：小林看起来每天都很忙碌，上班下班都没有闲着的时候，几乎每一分钟都花在了工作上，有时候很晚了还要接到客户的电话，可是总是有任务完不成，有时候还要被老板批评；而小张看起来却并没有那么忙，可是他也从来没有完不成任务的时候。

在挨了几次批评以后，小林终于鼓起勇气跑到小张那里请教经验，小张说："我只不过是把每天要做的事列了个计划，到什么时间做什么事，做的时候争分夺秒，完成以后就可以让自己放松一下。"小林回家之后马上给自己列了一个工作计划，决定每天按照这个计划实行。为了让自己勤奋工作，充分利用每一分钟时间，他连上厕所的时间都限制好了。

不过按照这个计划实行了一段时间以后，小林发现自己的工作并没有什么起色，时间还是那么紧张。倒不是因为有了计划以后自己有了依赖，而是因为自己的计划总是被一些事情打乱：有时候自己正忙一个案子，老板突然通知自己要出差，只好把手头上所有的事都停下，这样自己的安排就完全被打乱了；有时候自己正在给客户打电话，老板过来办公室找他，他赶紧手忙脚乱得把客户的电话挂掉等待老板的差遣。一天下来，看起来一秒钟都没有闲着，临下班的时候一盘算，自己还是有很多任务没有完成。小林只好又去找小张讨教经验。

小张说："给你看看我列的计划"，然后把自己的计划给小林看了一下。小张虽然也有安排，但是比较笼统，只有一个大致的时间范围，每天的下午茶时间甚至都留出了大概半小时用来工作。小林对此大为不解。

小张说:"现在每天的事情不可能是一成不变的,就算你定好了计划,总会有一些突如其来的事情发生,打乱你原来的计划,如果你不能灵活安排你的时间,就会很被动。比如说你说领导临时通知你出差的事,有时候咱们的工作并不一定非要坐在办公室完成,你出差的路上也可以打电话或者做做策划,如果上了飞机,你可以先整理自己的思路,写在小本子上,等有时间输入电脑里,有时候这样的效果比你一直这样忙碌还要好;再比如你刚才说的在打电话的时候老板找你的问题,如果是非常重要的客户,你可以用嘴形或者写在纸上告诉老板,你正在给非常重要的客户打电话,一会过去找他。如果是一般的客户回访,你就可以长话短说,先做老板安排的事。"

听完这些,小林觉得很有道理,原来自己只学到了表皮,还没有得到精髓,于是马上回去给自己重新列了一份计划。按照这个计划实行一段时间以后,小林总结了自己的工作,果然有了好转。

理想与目标应该坚持,但是,坚持的同时,我们还要做到与时俱进。要知道,及时调整并不是对目标的背叛,恰恰相反,只有灵活及时的修正自己的脚步,我们才能更快更顺利的达到我们的目标。

找准自己的定位

一定要给自己寻找一个准确的定位,一个方向感,这是我们存在的一条重要的规律。对自己定位的需求,是我们的先验渴望。

这种无意识地支配我们心理的强大力量来自哪里,它来自我们存在的独特性。

生活在群体社会中,人类总是自豪地说自己是"高级动物",根本不屑于与猪狗之类的动物相提并论。这与素质、品德无关,完全是人类对自己的定位,这种定位是有存在的理由的。

根据人类的存在的定位来说,动物被它们的生理机能限制死了,它们没有意识,受着本能支配。它们嵌入这个世界,其结果是固定的,由生到死,没有超越性。但人就不一样了,他有意识,有思想,本能并没有完全主宰人类。

当然,这些好处不能让人全享有,人类也要付出代价。

以一个事例来论述这种代价。

美国第一任总统华盛顿，领导了美国的独立战争，这是一场十分艰苦的斗争，因为英国军队的实力远远超过独立军。面对英国军队的疯狂绞杀，华盛顿领导的独立军陷入绝望的境地。节节败退，士气低落，独立军的前途一片黑暗。

面对低落的士气，华盛顿这样说道：

你们也许知道，人是地球上最懦弱，生活能力最差，身体结构最不合理的动物——没有鲨鱼一般锐利的牙齿，没有猎豹一样的速度，没有鸟一样的羽毛，不能在天上飞，不能在水底游，容易被疾病侵袭，温度和气压稍微有变动，他就会生病。如果吃错了东西，随时都有可能丧命……根据这种情况，人早就应该在地球上灭亡，甚至都不会出现。

然而，奇怪的是，人是主宰这个世界的动物。

没有鲨鱼一般锐利的牙齿，但是人发明了切割机，能够切割任何坚硬的物体；人类没有猎豹一样的速度，却发明了捕获猎物的网，用于降服速度快的动物；没有鸟一样的羽毛，但人类却发明了衣服，照样能够取暖；不能在天上飞，但人可以建筑很高的房子，超过鸟的飞行高度；不能在水里游，但人却可以下到深海捕捉鱼虾；容易被疾病侵袭，容易生病，人类就发明了各种药物抵御疾病……

上天赋予人类最奇特的头脑，可以弥补人类的种种缺点。地球上更没有别的东西，可以像人这样，能适应不同的环境。

本来人是地球上最弱的动物，现在却变成了世界上最强大的动物。

所有的这一切，都因为面临的逆境。

如今，我们这支独立军最大的不幸，不是我们无法对付来到门前的那只狼，而是我们心中不相信能够在狼身上撕下一块皮衣来穿。

华盛顿的这段演讲让身陷逆境的独立军在恶劣的环境中奋起抵抗，为美国的独立战争的胜利保留了火种。

从这个事例我们可以看出，人类不完全受本能支配，这是人区别于动物的标志，从单纯的动物本能来说，这是人类的缺陷。但人类却因为这种缺陷而在智慧上超过了动物，当然，人类的这种缺陷也受一定的规律支配。同时，也还要受社会生活中的一些规律支配。

抽象地说，动物因为它的生理构造及反应方式，它与世界在存在结构上是非常协调的，它本身就是自然的一部分，因此，它与世界处于自在的统一之中，没有主体与客体的区别。这种没有分裂的统一当然不可能让动物感受到痛苦，因为动物没有引发痛苦的意识机能，除非你打它，引发它的神经反应。

但作为高级动物的人则不一样了，人类因为能够通过意识反思世界，由此在存在定位上超越了动物，摆脱了像动物那样的被规定性，而可以通过思想及活动来规定自己。动物被定死了，但人却是可以自由的。也因为这样，人的意识在各种复杂的感情中不断升级，不断优化，最终从动物世界中分离出来，拥有着丰富的表情，复杂的感情。

同样，在人类这个庞大的集体中，每一个个体都有自己复杂的感情。展现各种复杂的表情，需要一颗强大的心脏。而要有一颗强大的心脏，首先就需要在庞大的人类群体中，找准自己的定位。

一个心理强大的人，会对自己的能力评估有一个客观的定位，在任何时候、任何情况下都不会高估或低估。

在春风得意时，根据自己的定位，不会把自己估计过高。而现实中，偏偏有很多人，把握不准自己的定位，一时得意，认为凭自己的能耐，好像人生一切所求的东西都能唾手可得，这样的人往往把运气和机遇也看成自己的能力和水平。这样的得意者其实是一种心理弱小者，这种人与那些平庸的人没有多大差别，其最大特点就是觉得自己比别人高明。

在失意时，心理强大的人会因为能把握住自己的定位，不会把自己估计过低，能够正视困难和各种不利的条件，不会动摇生活的信心和勇气。心理弱小的人，则会士气低落，一蹶不振。

过高或过低地估计自己，都会毁损自己，毁损自己的现在和未来。

内心强大，要找准自己的定位，要善待自己，不要自己与自己过不去。你可能貌不惊人，没有俊男靓女的自然条件，但英俊和美貌并不是成功的代名词，更何况红颜薄命者还确实不少呢。你可能智商平平，没有出口成章、过目不忘的才华与天赋，但天才如果没有后天的勤奋，天才的火花就很容易熄灭。你可能命运坎坷，没有宽裕的经济和成功的事业，但自古雄才多磨难，与苦难抗争而造就辉煌人生的人世界上难道还少吗？

找准自己的定位，就是客观地分析自己的长处和短处，不拿自己的短处与别人的长处比，做到扬长避短，把自己的心境调节到最好，把自己的行动发挥到最佳，做到愉快地生活，乐观地奋斗。

找准自己的定位，还需要学会不畏人言，行为既要踏踏实实，但又不能太过于踏实，会做的同时还要会说，能做的同时还需要能说，做自己该做的事，不做自己不该做的事。

做事情要有强烈的欲望

在生活中，我们经常听到这样的话："我觉得自己已经尽了最大努力，可惜结果却很令人失望。"说这话的人，是否真的尽了最大努力呢？未必！他们把做得有点儿累视为尽了全力，其实还远远未能充分发挥潜力；或者三天打鱼，两天晒网，并没有竭尽全力去做。如此下来，失望就是预料中的事情。

有一个年轻人，想向大哲学家苏格拉底求学。有一天，苏格拉底将他带到一条小河边，"扑通"一声，就跳到河里去了。年轻人一脸迷茫，看到大师在向自己招手，年轻人也就跳进河里。

没想到，当他一跳下去，苏格拉底就用力将他的脑袋按进水里。年轻人用力挣扎，刚一出水面，苏格拉底就再次将他的脑袋按进水里。

年轻人这时拼命挣扎，刚一出水面，还来不及喘气，没想到苏格拉底第三次死死地将他的脑袋按进水里，最后年轻人用尽全身力气再次拼命挣扎出来，他本能地拼命往岸上爬。

等他爬上岸以后，他指着还在水里的苏格拉底说："大师，你到底想干什么？"苏格拉底理都没理他，爬上岸像没事一样就走了。年轻人追上苏格拉底，虔诚地说："大师，恕我愚昧，刚才的一切我还未明白，请指点一二。"

此时苏格拉底停下来，对他讲道："年轻人，如果你想向我学知识的话，你就必须有强烈的求知欲望，就像你有强烈的求生欲望一样。"

正像苏格拉底对年轻人的启示一样，追求成功也是如此：要成功，必须有强烈的成功欲望，就像我们有强烈的求生欲望一样。

强烈的欲望，可以充分调动一个人的主观能动性，还能增进他为人处世的积极态度。也正因为有了欲望，才能有一个好的心态和好的习惯，去实事求是、踏踏实实地做事情，不会因为偶尔受到挫折而怀疑自己的能力。

强烈的欲望，可以激发一个人的聪明才智。

有这么一则寓言：

猎人发现了一只兔子，当即一枪射出，好像打中了兔子的腿。猎人不敢确定，就放出猎狗去追。那只猎狗奔跑如狂，可很久后它还是孤身而回。猎人问它怎么了，猎狗一阵狂叫，它说："兔子的腿受了伤，我去追，可兔子拼命地跑，我怎么也追不上。我已经尽力了。"

再说那只受伤的兔子，逃回洞后，兔妈妈吃惊地问："你的腿受伤了，你是怎么逃过猎狗的追捕的？"

兔子说："猎狗追我，我拼命地跑。可它瞧不起我，只是尽力地追，而我是拼命地逃跑，就逃回来了。"

所以，要像那只兔子一样，一定要有强烈的欲望，只要有了强烈的欲望，所有的力量都可以转化为现实，只要你敢于想象它、相信它，并且坚定不移地去努力，愿望一定会变成现实。欲望会把你的热情调动起来，全力以赴，会给你力量去改变环境，去获得健康、幸福与财富。

成功来源于你是想要，还是一定要。如果仅仅是想要，可能我们什么都得不到；如果是一定要，那就一定有方法可以得到。成功来源于我一定要。只有那些一定要成功的人，才具有强烈的欲望，所以能排除万难，坚持到底，永不放弃，直到成功。

培根曾经说过："欲望如同人体中的胆汁，是一种促人发愤的体液。"如果说着迷和眷恋会成就人的事业，那么，毫无疑问，欲望是成功的原动力。事实上，欲望也是你获取财富的第一定律。

要想赚钱，就要有强烈的赚钱的欲望。

法国有个非常贫穷的年轻人，为了摆脱贫穷过上好的生活，他开始积极地推销装饰肖像画，在不到10年的时间里，他迅速跃身于法国富翁之列，成为一位年轻的媒体大亨。

他去世后，法国的报纸刊登了他的一份遗嘱。在他的这份遗嘱里，他说："我也曾是个穷人，如果有人能知道'穷人最缺少的是什么'，那么这人将会得到100万法郎的奖赏。"遗嘱刊出之后，很多人寄来了自己的答案。

大部分人认为，穷人最缺少的是金钱。也有很少一部分人认为，穷人最缺少的是机会、技能等等。但是没有人答对富翁的问题。

一年后，在这位富翁逝世周年纪念日那天，他的律师和代理人在公证部门的监督下，打开了他在银行内的私人保险箱，公布了答案："穷人最缺少的是成为富人的野心！"

穷人之所以贫穷，大多是因为他们有一种无可救药的弱点，也就是缺乏致富的野心，一种赚大钱的欲望。这里所说的野心、企图心、欲望，实际上就是人们常讲的"雄心壮志"。

闻名世界的石油大王洛克菲勒赚钱成癖，他总是时刻想着赚钱。对他来说，怎样把别人口袋里的钱装到自己的口袋里，是他一生追求的事业，也是他活着的唯一动力。他说："金钱能够满足我们对生活的种种要求，同时在更大的程度上也展现了我们自身的实力，还可以给我们以自信，让我们看到自身的力量。"

阿兰·德隆曾说："按我的理解，野心和抱负是一种美德，它会防止你死气沉沉、浑浑噩噩地活着。充满欲望也就意味着革新和创造。总之，别人能做到的，你也能做到。"

模仿别人只会让自己落伍

模仿是人类生存的本能，可以说任何人都离不开模仿。

从一方面来说，模仿可以让我们创新。我们已经通过模仿生物本来的特性，创造出一大批新事物。例如，鲁班根据小草叶上的锯齿发明了锯子；科学家模仿鱼鳔的原理发明了潜水艇，模仿蝙蝠的原理发明了雷达等。

但是从另一方面来说，只是一味地模仿还会让我们落伍。大到一个国家，一味模仿他国的发展模式，最终会走向落后；小到一个人，一味模仿就会失去自己的个性和长处。而一个人没有自己的个性和长处，其他方面再优秀也称不上是最优秀的，因为他的一切都是模仿别人的，总还有比他更优秀的人。

"邯郸学步"的故事告诉我们不要盲目模仿。别人的长处固然要学，但盲目地模仿，不仅学不到别人的长处，还会丧失自己的本性，得不偿失。因此，一个人一定要有自己的思想，不能盲目地跟随潮流。

要想学到别人的长处，又不想完全地模仿别人，最好的办法就是创新。我们提倡创新，但也不否定模仿。模仿是创新的开始，在模仿中创新，超越模仿，就会做到真正的创新。

事实上，"模仿"和"求异"并不是绝对的对立，往往是它们的共同作用才完成了创新。"求异"也不能简单地理解为反向思维，应当理解为一种寻找事物发展契机，寻找事物从一种状态、程度进入到另一种状态、程度的"转化点"的思维方式。

多年前，波特是诺基亚公司手机研发部的员工。研发部没有什么硬性指标，但薪水比其他部门拿得还多。尽管这样，他每天好像都不是很开心。有的同事忍不住问他原因，波特说："我是在想，我们整天坐在研究室里，除了完成上面派给的任务，改进一下机型，就什么事也不做了，总是拿不出新创意，我倒是觉得不好意思了！"

"嗨，现在我们的手机已经是世界著名品牌了，不管是技术性能还是外观形象，早都深入人心，还上哪里去找创意？"同事们都这样劝他。但波特还是暗下决心："一定要让诺基亚在自己的开发下有一个质的飞跃。"有了这个非同一般的目标后，波特每天除了完成公司下达的任务外，满脑子都是考虑如何让诺基亚手机更符合消费者的需求。

一天，在地铁里他有了一个发现：几乎所有时尚男女都带着手机、一次性相机和袖珍耳机，这给了他很大的灵感："能不能把这三个最时髦的东西组合在一起呢？这样不是既轻便又快捷吗？"第二天上班后，他马上找到主管，对他说："如果我们在手机上装一个摄像头，让人们在听音乐的同时，把自己见到的所有美好事物都拍摄下来，再发送给亲友，那该多么激动人心啊！"主管听后，惊喜得高声叫道："好样的波特！我们马上就着手研制！"

这种具有拍摄和听音乐功能的手机很快被研制成功。它刚一推向市场，就大受青睐。就这样，波特不但实现了自身价值，而且，还得到了应有的奖赏。更重要的是，在实现目标的过程中，波特得到了从未有过的快乐。

模仿是创新的基础，模仿的最终目的就是为了创新。一个企业初期进行模仿是为了走安全而又高效的发展道路，但一味地模仿却不是一个企业走向强大的方式，只有进行创新，才能立于不败之地，建立起强大的企业形象。

对于一个企业如此，对于一个人来说也是如此。我们可以进行模仿，从模仿中寻找自己的道路。但要想让自己变得强大，只有创新——模仿而不创新只会让自己永远落后于他人。因此，即使我们去模仿别人，也要有属于我们自己的创新。

第二章

做不到这些,努力也没用

寻找自己的优势所在

这世界上的路有千万条,但最难找的就是适合自己走的那条路。每个人都应该努力根据自己的特长来设计自己,量力而行,根据自己的环境、条件、才能、素质、兴趣等确定发展方向。不要埋怨环境与条件,坐等机会,而应努力寻找有利条件,自己创造机会。每个人都应该尽力找到自己的最佳位置,找准属于自己的人生跑道。当你事业受挫时,不必灰心也不必丧气,相信坚强的信念定能点亮成功的灯盏。

很多成就卓著人士的成功,首先得益于他们充分了解自己的长处,根据自己的特长来进行定位或重新定位。如果不充分了解自己的长处,只凭一时的兴趣和想法,那么定位就会不准确,有很大的盲目性。

歌德一度没能充分了解自己的长处,树立了当画家的志向,使得他浪费了20多年的光阴，为此他非常后悔。

美国女影星霍利·亨特一度竭力避免被定位为短小精悍的女人，结果走了一段弯路。

后来经经纪人的引导，她重新根据自己身材娇小、个性鲜明、演技极富弹性的特点进行了正确的定位，出演《钢琴课》等影片，一举夺得戛纳电影节的"金棕榈"奖和奥斯卡大奖。

古今中外，还有一些名人是经过重新给自己定位而取得令人瞩目的成就的：

阿西莫夫是一个科普作家，同时也是一个自然科学家。一天上午，他坐在打字机前打字的时候，突然意识到："我不能成为一个第一流的科学家，却能够成为一个第一流的科普作家。"于是，他把几乎全部的精力都放在科普创作上，终于成了当代世界有名的科普作家。

伦琴原来学的是工程科学，他在老师的影响下，做了一些物理实验，逐渐体会到，这就是最适合自己做的工作，后来他果然成了一个有成就的物理学家。

许多刚入职场的人，因为多种因素制约，或者是因为自身条件的限制，往往看不到自身的优势，要么在工作中唯唯诺诺，不敢表现自己的才能；要么勤奋努力，却始终难以出类拔萃，以至于灰心失望。

有这样一个女孩，她在公司工作了六年，日复一日，年复一年，做着公司最底层的内勤工作。她很清楚自己是个其貌不扬的女子，文化程度又不高，对人生本不可期望太高，然而她就是不甘心。

自小她喜欢看书，写作，做着文学梦，结果严重的偏科让她从希望的田野跌进了深谷，不但跌碎了她的文学梦，还改变了她的人生。但她并没有自暴自弃，生存的压力使她把对文学的痴迷转向专心对待自己的工作。她一边做着自己分内的内勤工作，一边留心同事做业务，以期哪一天在业务上能有出头之日。然而天不遂人愿，六年了，公司始终没有给她发展的机会。

星期天，郁闷的她出门散心，正当她无限沮丧时，一家根雕小店吸引了她。各式各样的树根，依形造势，做成各种各样的形状，或动物或植物或人形，造型奇特，形象逼真，煞是可爱。根雕者独具的匠心让她惊叹不已。店里一位老者正聚精会神地打量着一个样子非常普通的树根，她随着老者的目光也打量了半天，并没看出什么独特之处，就忍不住小心翼翼地问老者：这个树根好像很普通啊？

老者头也不抬,继续打量他的树根,好一会儿才面露喜悦之色,说等一会儿你就明白了。她不禁好奇地站在那儿,想看看老者怎样化腐朽为神奇。只见老者东刻刻,西削削,不大一会儿,一个美丽奇特的造型就迎风而立,呼之欲出了。她感叹不已。

老伯这才抬起头来,看了她一眼,微笑着说:"其实每个树根都有它独有的特点和风格,哪怕是普通的树根。关键是要因势利导,找出它的独到之处,再加以塑造,让它的独到之处大放异彩,这样,一个独一无二的工艺品就完成了。就像一个人,每个人都有自己的优势和长处,哪怕角色再卑微,只要找到自己的这一优势和长处,然后努力地发掘、完善,让它散发出应有的光芒,那么这个人就成功了。"

老伯的话让她陷入了沉思。她的优势和长处在哪儿呢?仔细想想,她虽然生活在商业圈子里,也一直把做业务当成自己的愿望加以学习,但回顾这么多年的经历,她猛然醒悟自己的性格其实并不适合做业务,而放弃多年的文学梦,才是她内心深处一直割舍不下的最爱。这一发现让她茅塞顿开、激动不已。

此后,她边工作边学习文学知识,并坚持练笔。三年后,她果然在文学上取得了意想不到的成绩并做了专职撰稿人,逐渐走向人生辉煌的巅峰。

奋斗通常是指不屈不挠、勇往直前。然而,人的生命毕竟有限，盲目的奋斗不但浪费了生命，还难以有所成就。当坚持许久的工作进展不理想时，不妨回过头再想想自己是否适合做这个工作，自己的坚持是否正确。每个人都应充分了解自己，懂得自己的优势，选好了目标再去奋斗。这样才会如鱼得水，事半功倍，在人生的长河中少走弯路。

在实践中不断学习，善读无字之书

在现实生活中，大多数的青年在各自岗位上是靠自学成才的，也就是说，时代给我的要求是，要善读无字之书，掌握书本上没有的知识。

阅读"有字之书"可以学习前人积累的知识、前人学以致用的经验，并从中借鉴，避免走弯路；读"无字之书"可以了解现实，认识世界，并从"创造历史"的人那里学到书本上没有的知识。

徐渭、朱耷、吴昌硕等古代的大文学家，对于"有字之书"的精研，都是齐白石所推崇的，但是善于体验生活的齐白石更重视"无字之书"，他的画作之所以栩栩如生，具有独特的书画风貌，自成一家，正是他努力在现实生活中开拓艺术生涯的结果。

纵观齐白石一生的杰作，所展现出的是一幅幅栩栩如生的鱼虫，欣欣盎然的草木，刻意求工处恰如雕镂，粗犷豪放处犹如泼墨，真可谓是"形神兼备"。尤其是他的水墨画，更是别具一格，活灵活现，令人情不自禁地叫绝。但又有谁会知道纸上的画有多少画外之功呢！

以水墨画虾为例，为了能够将虾画好，齐白石对虾观察了很久。齐白石画的虾可谓是妇孺皆知，出神入化。他看虾、画虾已有几十年，可直到70岁时才觉得自己赶上了古人画虾的水平。他严谨的创作态度更表现在不看"无字之书"不肯下笔作画上。他的好友老舍在某年春节时，选了苏曼殊的四句诗请他作画。

诗中有一句"芭蕉叶卷抢秋花"，齐白石因对"芭蕉叶卷"没有亲见，当时又正好是北国的严冬，无实物可进行观察，他为了弄清楚芭蕉的卷叶到底是从右到左的，还是从左到右的，逢人便问，但是，很多人都没有进行过细心的观察，所以都不敢肯定哪一个是答案。

这个在别人看来似乎微不足道的细节使齐白石最终放弃了为老舍作"芭蕉叶卷"画。人们虽觉得迷惑，但他却认为这样做是正确的，之所以"不能大胆敢为也"，就是因为在现实生活中没有见过的原因。

和齐白石一样，著名的医学家李时珍也是一个善读"无字之书"的人，他广博的医学知识就是在日常的生活实践中一点一点积累起来的。

　　李时珍的父亲也是一名大夫，那时的山里人因劳动特别辛苦，腰肌劳损是种常见病，所以，父亲常常给这类病人制作用白花蛇做主料的药酒。

　　李时珍当时特别好奇：为什么白花蛇的药效会有这么大呢？李时珍很虚心地向很多医生请教了这个问题，但没能得到满意的答复。

　　李时珍决定到深山里去，亲自了解一下生活在野外的白花蛇的习性。但是他的想法遭到全家人的一致反对，他们说："白花蛇生活在深山里面，而且剧毒无比，万一有个闪失，可不是闹着玩儿的！"但忠于实践的李时珍并没有被困难给吓住，他一心想要把这个问题弄清楚。于是，执拗的李时珍还是向深山进发了。经打听，李时珍来到了龙峰山，这里是白花蛇的理想栖息地，他在山路上足足等了两天，才等到一个捕蛇人路过。

　　捕蛇人告诉李时珍说："我家世代都是捕蛇为生，但是没有一个能得善终，都是给蛇咬死的，特别是白花蛇，毒性特别大！"

　　听了捕蛇人的说法之后，李时珍并不感到害怕，而是告诉那位捕蛇人，为了减少天下人的病痛折磨，就是死于毒蛇之口，他也在所不惜。捕蛇人被李时珍这种不畏艰险的执着精神所感动，终于点头同意带他去找白花蛇了。

路上，李时珍向捕蛇人请教了许多关于白花蛇的问题，例如生活习性、特征和毒性等。捕蛇人见李时珍确实好学，就倾囊而授，把自己所知道的知识非常详细地讲给他听。虽然如此，但李时珍并不满足，他还是希望自己能够亲眼看看白花蛇。

两人在山里耐心地寻找着，一连好几天，他们连白花蛇的影子都没看到。捕蛇人泄气了，但李时珍毫不气馁，他有个坚定的念头，不亲眼看见白花蛇，决不出山。这一天，李时珍和捕蛇人又在龙峰山山腰间搜寻白花蛇。眼看着山顶云层聚拢，暴风雨马上就要来了，于是捕蛇人便催促李时珍，赶紧往回走。

捕蛇人走在前面，李时珍在后面跟着，两人正匆匆忙忙地赶路，突然李时珍"哎哟"叫了一声。捕蛇人回头一看，不由地大吃了一惊。原来有一条白花蛇缠住了李时珍的左腿，蛇头正被踩在脚底下！

捕蛇人赶紧来到李时珍身旁，费了好大的劲儿才把这条白花蛇给抓进蛇笼里。捕蛇人对李时珍说："如果不是你碰巧踩在蛇头上，今天你就没命了！"

这次深山之行，李时珍不但亲自考察了白花蛇的栖息环境，而且还亲手抓住了野生的白花蛇，他又接连走访了好几位捕蛇人，掌握了大量有关白花蛇的第一手资料。李时珍就是这样，凭着勇于实践和不断进取的精神，终于完成了划时代的医学巨著——《本草纲目》。

如今这本巨著早已被翻译成多种语言，在国际医学界享有很高的声誉，我们不得不佩服李时珍"善读无字之书"的精神和执着，让我们有幸看到医学巨著，并从中汲取营养，造福人类。

　　南宋著名爱国诗人陆游曾写诗劝勉他的儿子："古人学问无遗力，少壮功夫老始成。纸上得来终觉浅，绝知此事要躬行。"一个人如果真的想要掌握有用的知识，那么他就不应当以学习书本上的知识为满足，而应当走向更加广阔的社会中去，把书上的知识运用到实际中去，在生活中验证书本上所学得的知识，一边读书一边实践，这样才能在实践中积累丰富的知识。

比智者多一份胆量，比弱者多一份坚强

每个成功者，可以说都有一段不寻常的历史。他们之所以能够出类拔萃，是因为他们有着一颗顽强的心，有一般人没有的胆量敢去闯，敢去拼。

如果我们观察自己周围的人，你会发现有些人没什么太高的学历，而且他们好像也不比你聪明，但他们却能成功，拥有较多的财富。除了其他原因外，有一条是肯定的，那就是这些人做事比较有胆量，他们的冒险精神比较强。

人生一世，处处都存在着风险。过马路时，不能百分百地保证不出车祸；坐飞机时，不能百分百地保证飞机不会掉下来；结婚时，不能保证配偶会永远相爱……但我们还是要过马路，坐车，坐飞机……因为我们知道，我们应该承担这些合理的风险。

生活中，我们可以看到许多人，因为缺乏胆量而丧失掉很

多机会。

阿强毕业于名牌大学的机械系，毕业后分配到某个省级的纺织研究所工作。他的学问很好，人也很聪明，亲自主持设计了好几个大项目。由于工作的关系，他经常接触到一些私营企业的老板，这些老板们都敬佩他的技术知识，愿意出高薪聘请他做技术主管。但他总是担心这些小企业靠不住，说不定哪天就关门了。所以，他总是推辞，他觉得留在政府的研究所里工作才有保障。

几年过去了，由于体制改革与变化，他的铁饭碗也没了。这时，他才无奈地投向一个私营企业。不到两年的时间，他便买了新房，开上了汽车。而那个私营企业，在他的帮助下，上马了好几个新的项目产品，使这个无名的个体企业一跃成为显赫一方的大企业。他曾感慨地说："我现在一年挣的钱比过去10年加起来的还要多，我真不明白那时候为什么没胆量早点出来做事，白白浪费了几年的时光。"

不可否认，几乎所有事业成功的人，都是富有冒险精神，有胆量做事情而最终成功的。就像足球赛一样，那些赢得冠军、亚军的球队都是敢打敢拼，敢于临门一脚大胆射门。如果球员只是在中场传球和带球，到了临门一脚，个个都怕射不进而畏缩不敢冒险，那么这个球队，就只能摆弄花架子而不能得分。事实上，如果我们仔细分析每个进球得分就会看出，很多进的球都是因为球员胆大而三撞两碰被碰进门的。

人生和踢足球是一个道理，不管你学问多深，学历多高，经验多么丰富，如果你没有临门一脚射门的胆量，你就只能永远在足球场上跑前跑后而不能得分。射门次数多了，进球的机会就多。射门不进球你不会后悔，但不敢射门，肯定会后悔。

那么，怎样使自己原有的胆小谨慎的思维方式得到改变呢？

胆量来自于自己过去的成功经验。举例来说，前面有条河，如果你趟过一次河，那么第二次你便会有胆量再去趟。

锻炼自己的胆量要从小事做起，采用那种每天进步1%的原则，使自己一点点地改进。假如性格内向，最怕与陌生人讲话，那么，你就今天制订一个计划，在第一周每天只与一个陌生人讲一句话。比如说"你好，我好像在哪儿见过你"等等。在第二周，便要讲两句"你好，你是来这儿找人的吧，也许我能帮你点什么"等等。由此类推，时间久了，与陌生人讲话便成了你的习惯，易如反掌了。

假如你在遇到问题时总是要听父母、兄长或配偶的意见后才能拿定主意，那么从今天起，就先从小事上做起，不与他们商量而自作主张。比如，你以前买鞋子或帽子也要听他们的，那么这次就不与他们讲，自己先买下来，哪怕买得不合适了也没关系。

当然，在锻炼自己独立做事的习惯时，你会遇到很多失败，甚至栽很多跟头，不过这不要紧，只要你能从每次的失败中总结并吸取教训，同样的错误就不会再犯。要知道，世上关于成功者的一个秘密是：成功的人士比不成功者所受的失败多过一千倍。因为他们栽的跟头多，学得就多，逐渐养成了自信、独立和果断的性格。而不成功的人，因为总是怕失败而不敢做事，结果是一生都没有成就。

不要怕，"不经历风雨，怎么见彩虹，没有人能随随便便成功。"在现实生活中，只有那些经历过风吹雨打的花草，才能感受到大自然赋予的清新；只有饱尝了挫折和失败的人生，才能体会到成功与收获的喜悦。学会坚强，勇于直面前进道路上的坎坷，你会不断进步，最终获得成功。

机会属于有胆略有毅力的人。对我们来说，我们必须要有承担一定风险的胆量，要有经受挫折的坚强，否则很难有所成就。在激烈的社会竞争中，如果你能比智者多一份胆量，比弱者多一份坚强，那么，成功就会在前面向你招手。

勇于挑战自我，超越自我

挑战别人很容易，挑战自己却很难。因为大部分向自己挑战的内容，都是自己的惰性、短处，或者一时间难以改正的缺点，所以自我挑战是对自己彻底的自我救赎，需要付出巨大努力。

每个人的人生都有非凡的意义，我们不能局限于对于别人成就的羡慕、做无聊的叹息，而应更加注重了解自己的能力和潜质，从而付出努力以争取实现自己理想中的目标。"每个人都拥有一片明朗的天空"，我们要从消极走向积极，从被动走向主动，不再羞怯，不再遮掩，也不再隐忍，而是将心中的兴奋与冲动化作行动，化为汗水，洒在成功的路上。而当我们终于踏上成功之巅的时候，我们会惊叹自己有如此之大的力量，有如此之深的潜能，而这在以前只不过是一种梦想罢了。事实上，这就是超越。

美国NBA联赛中，夏洛特黄蜂队有一位身高仅1.60米的运动员，他就是蒂尼·伯格斯——NBA最矮的球星。伯格斯这么矮，怎么能在巨人如林的篮球场上竞技，并且跻身大名鼎鼎的NBA球星之列呢？这是因为伯格斯的自信。

伯格斯自幼酷爱打篮球，但由于身材矮小，伙伴们都看不起他。有一天，他很伤心地问妈妈："妈妈，我还能长高吗？"妈妈鼓励他："孩子，你能长高，长得很高很高，会成为人人都知道的大球星。"从此，长高的梦像天上的云一样在伯格斯的心里飘动着，每时每刻都闪烁着希望的火花。业余球星的生活即将结束了，伯格斯面临着更严峻的考验——1.60米的身高能打好职业赛吗？

伯格斯横下心来，决定要凭自己1.60米的身高在高手如云的NBA赛场中闯出自己的一片天地。"别人说我矮，反倒成了我的动力。我要证明矮个子也能做大事情。"在威克·福莱斯特大学和华盛顿子弹队的赛场上，人们看到蒂尼·伯格斯简直就是个"地滚虎"，从下方来的球90%都被他收走……

后来，凭借精彩出众的表现，蒂尼·伯格斯加入了实力强大的夏洛特黄蜂队。该队关于他的一份技术分析表上写着：投篮命中率50%，罚球命中率90%……

有体育杂志专门对他进行点评：个人技术好，发挥了矮个子重心低的优势，一名使对手害怕的断球能手。"夏洛特的成功在于伯格斯的矮",不知是谁喊出了这样的口号。许多人都赞同这一说法,许多广告商也推出了"矮球星"的照片,上面是伯格斯淳朴的微笑。

成为著名球星的伯格斯始终牢记着当年妈妈鼓励他的话,虽然他没有长得很高很高,但可以告慰妈妈的是,他已经成为人人都知道的大球星了。

身高1.60米的伯格斯能够成为一名球艺出众的NBA明星,关键就在于他相信自己,并能够在此基础上充分发挥自己的"身高优势",使自己成为夏洛特黄蜂队里的超级断球手。伯格斯的经历告诉我们:一个人只要相信自己的能力,并努力为之奋斗、拼搏,挑战自己的极限,命运永远牢牢把握在自己手中。

不必把生理上或者其他缺憾作为自卑的理由。一个人要敢于正视自己的缺点,尤其是年轻人,"年轻人犯错误,上帝也会原谅的"。你现在要做的是努力超越自己,让自己的缺点成为前进的动力。

挑战自我当然是一件不容易做到的事情,坚持和积累比素质和技巧都重要得多。水滴石穿的道理是通用的。我们不否认天才,但是效率也可以通过学习改善。对于同一件事,效率高则进展快,但如果坚持和积累不够,距离成功也许永远只有一步之遥。在能力和水平上,差距并非想象的那么大,自我超越的重点，更偏重于经验的积累和坚持挑战自我的勇气。

要知道，超越自我是为了向别人展现更加完美的自己，也是为了完善自己的人生，实现人生的意义。

要勇于超越自我，积极进取，不断地发展自己、丰富自己。要相信没有不能超越的自我，在眼界上，努力地汲取新知识，思考新问题；在个人能力上，要不断地否定自己、超越自己，不断地给自己制订新的目标。这样你就能够成为一个成功者。

把简单的事做到极致

什么是奇迹？无非是一点一滴的积累，循序渐进，不休不止，把简单的事情做到极致就是奇迹。

美国一家园艺公司在报纸上刊登启事，重金征求纯白金盏花。一时间，应征者趋之若鹜。然而，自然界中的金盏花不是金色就是棕色，从没有见过白色的。很快，人们就知难而退，那则启事也逐渐被人遗忘。

二十年后，那家园艺公司收到一封热情洋溢的应征信，还附了一粒种子——纯白金盏花"出世"了！消息不胫而走、引起了很大的轰动，新闻界采访了那位应征者。

她是一位年过古稀的老妇人，二十年前看到报上的启事，便不顾子女的反对，独自培育梦想中的白色金盏花。她播下一些最普通的种子，在金盏花盛开的季节，挑选一朵颜色最淡的花，任其自然枯萎脱落，以获取成熟的种子。次年，把种子播到地里，待它开花的时候，再挑一朵颜色最淡的花……

她不停地播种、收获，如此往复过了二十年，终于培育出了如银似雪的金盏花。那纯粹的白色，让所有见过的人都惊得目瞪口呆。这个不懂遗传学的老人，竟然攻克了连专家都望而却步的难题，培育出美艳绝伦的花。

"什么叫不简单？能够把简单的事情天天做好，就是不简单。什么叫不容易？对大家公认的、非常容易的事情，非常认真地做好它，就是不容易。"这是海尔集团张瑞敏的精彩语录。这句话，相信对每一个人来说都有极其深刻的意义。

这是一个不断改革的时代，这是一个充满竞争的年代，这也是一个日益浮躁的年代。越来越多的人不甘平凡，常常想要做出一些不平凡的业绩，也时常抱怨单位不给他们一个施展才能的机会，使他们无法取得成功。

可是，你来看看下面这样一个故事：

故事的主人公是一家钢铁企业的普通工人，他十几年来都在一个岗位上干，每天都做同样的工作。在别人看来这是一项十分简单的工作，并没有什么前途，可是他最后成功了，从一个普通工人成长为某省十佳技能创新人才，屡次创下他所在的企业的某项经济技术指标的最高水平。

当人们问他成功的秘诀是什么时，他平静地说："把简单的事情做到极致。"

的确，每个人都渴望成功，每个人都希望得到自己想要的一切。然而，成功却并不是一件容易的事情，想要得到就必须付出。尽管"把简单的事情做到极致"、"干一行就要干到最好"只是几句简单的话，可是要真正做到却并不容易，其间的艰辛只有当事者自己最清楚。那些抱怨没有得到更好的机遇的人们，他们真的在自己的岗位上干得很出色？他们是否也像那位普通工人一样把简单的事情做到了极致？是否也像他一样十几年如一日，兢兢业业地在一个岗位上坚守，把工作干到了最好？

我们的现代企业需要各种各样的人才，特别是一代骄子的大学生，但是，像故事中的主人公那样的平凡工人无论在哪个企业都会受到欢迎，毕竟像这样平凡而优秀的员工并不多见。下面这个故事同样说明了这个道理。

马卡姆很小的时候，便失去了父亲。面对生活的艰辛，他并不沮丧。

他的第一份工作是送信。年纪还很小的他，竟然在三年中没有发生过一次失误。他一直有一个理想，就是希望自己有机会在铁路上工作。为此，他开始钻研和铁路有关的知识。后来，他被派去专门打扫月台。每天，他都穿一身蓝色的铁路制服，专注地去做这件对他来说似乎过于简单的工作。

有一天，马卡姆像往常一样打扫月台。他不知道，在他对面停着的一节车厢里，有一个人被他的工作态度吸引了。这个人是铁路巡回主任杰拉尔德先生。在以后的日子里，马卡姆更换了多份工作，每换一次工作，马卡姆都拿出十足的劲头——像打扫月台那样彻底，那样让人无可挑剔。最后，他当上了伊里诺斯中央铁路局局长。

杰拉尔德先生在谈论马卡姆时说，他没有见到过一个如此精心对待一件平凡工作的人，使自己的工作焕发出不同寻常的光彩！

的确，当我们自始至终把自己的每一份哪怕是极其琐碎平凡的工作做到极致，超出人们的期望时，那么，辉煌而伟大的成功就已在门外守候。

很多人认为只有做成大事才是真正的成功，但是他们忘了，所有成功的人都是从简单的事情开始做起的，把简单的事情做好了就是不简单。

在一天结束时,别忘记回味今天所做的事

虽然每天我们都是忙忙碌碌的,但不论有多忙,当一天结束时,你都应该花点儿时间回味今天所做的事情,在这种回味和思考中,你会有不少收获。

当一天结束时,第一件事就是查看计划表,确定要做的事是否都已经完成了,这样,你就绝不会因为"忘记"而完不成任务。

福布斯二世一直在他的书桌上放着一张记录重要事项的纸,这是他个人管理系统的中心:"每当我觉得进退两难时,我就会看看这张纸,确定使我动弹不得的事是否真的值得我为难。"如此一来,就能够及时发现自己今天没有完成的任务,你就可以确信你的重要事情不会被遗漏。

有这样一则关于美国一知名钢铁公司总裁查尔斯·施瓦布的

故事。

一名企管顾问艾·维·李对施瓦布说："我可以告诉你如何提高公司的效率。"

施瓦布问："费用是多少？"李说："如果无效的话，免费。如果有效，希望你能拨出公司因此省下的费用的1%给我。"施瓦布同意了，说："很公平。"

接着施瓦布问李要怎么做，"我需要与每一位高级主管面对面谈10分钟。"施瓦布答应了。李开始与所有的高级主管会面，他告诉每一位主管："在下班离开办公室前，请写下6件你今天尚未完成，但明天一定得做的事。"

主管们都同意这个主意。在开始执行这个计划后，他们发现自己比以前更专心了，因为有了这张表，他们会努力完成表上的事情。

不久，公司的生产力有了显著的改善。几个月后，效果更是惊人。于是，施瓦布开了张35000美元的支票给李。

看完这个故事，我们想，如果这个方法对施瓦布而言值35000美元，对我们也会有同样的价值。是的，在每天结束时，回味今天所做的事情不仅能让你定期检查你是否遗漏了重要的事情，还能让你在回顾中思考。而只有思考才能让你不断修正错误，不断进步。

世界电器之王松下幸之助，是日本松下电器公司的创始人，一位传奇式的人物。他的企业从一个3人的小作坊起步，经历了半个世纪的拼搏，发展成为拥有职工5万人的跨国集团。

在几次大的经济危机冲击下，许多企业纷纷倒闭，他却稳稳地站住了脚跟。松下电器的不断进步，与松下幸之助善于思考，不断学习、改革，不断追求进步是分不开的。

松下幸之助有一个习惯，那就是每天睡觉前，不管多累，他都要坚持回顾今天所做的事情，思考自己的做事方式，总结自己今天所做的事情并从中学习。正是这个习惯，才让这个只有3个人的小作坊发展成为跨国大企业。

松下幸之助的成功也告诉我们，成功依靠的不是蛮干，需要的是科学的思考。因此，当一天结束时，不妨在你进入梦乡之前，深入地回味一下你今天所做的事情。

等待机遇不如创造机遇

机遇是个神奇的东西,就像西方谚语说的那样:事实并非看上去的那样!你觉得偶然的成分很大,其实不然。可以说,每一个机遇都是靠自己去创造的、争取的,绝非空穴来风。那些看似水到渠成把握住了机会的人,看似是命运的幸运儿,倒不如说是一个主动出击的斗士,在残酷的环境中为自己的赢得了机会。

有一位才华横溢、技艺精湛的年轻画家,早年在巴黎闯荡时却默默无闻、一贫如洗。他的画一张也卖不出去,原因是巴黎画店的老板只寄卖名人大家的作品,年轻的画家根本没机会让自己的画进入画店出售。

成功似乎只是一步之遥,但却咫尺天涯。谁知过了不久,一件极有趣的事发生了。每天画店的老板总会遇上一些年轻的顾客热切地询问有没有那位年轻画家的画。画店老板拿不出来，最后只能遗憾地看着顾客满脸失望地离去。

这样不到一个月的时间，年轻画家的名字就传遍了全巴黎大大小小的画店。画店的老板开始为自己的过失感到后悔，多么渴望再次见到那位原来是如此"知名"的画家。

这时，年轻的画家出现在心急如焚的画店老板面前。他成功地拍卖了自己的作品，从而一夜成名。

原来，当满腹才华的画家口袋里只剩下十几枚银币的时候，他想出了一个聪明的方法。他花钱雇用了几个大学生，让他们每天去巴黎的大小画店四处转悠，每人在临走的时候都询问画店的老板："有没有他的画，哪里可以买到他的画？"给人造成一种紧俏的感觉。这个聪明的方法使画家声名鹊起，因此才出现了前面的一幕。

这个画家就是现代派大师毕加索。作为一个穷困潦倒的画家，毕加索为什么最后能够成功呢？其原因在于他在过去的岁月中，始终在寻找着成功的机会，他在寻找成功的过程中，总是时刻准备着，让自己保持最佳状态，以便机会出现时，可以紧紧地抓住，不让它溜走。

对成功者而言，机会无处不在。只要我们发现了机会，就应不失时机地充分调动自身资源，不放手，成功就是我们的。当然，这不仅在于成功者在寻常状态下对机会有全方位的嗅觉，还在于他们善于在没有机会的时候能创造机会。

的确，不是每一块金子在哪里都会发亮的，譬如，当它还埋在沙土中时。同样，也不是每一位有才华的人就一定会飞黄腾达。当机遇不至的时候，怨恨是无济于事的。这时，不妨学一学毕加索，动一动脑筋，想一个聪明的办法来创造自己的机会。那么，成功说不定也就不期而至了。

迎接机遇要有强烈的竞争意识

在市场经济社会中,人们都在一定的经济地位中生活,各种经济状况无不反映出思维观念的烙印。对许多人来说,不是没有机会,是不认识机会或没有事先做准备;不是生意难做,是不会做;不是没有绿洲,是因为心里一片沙漠;不是没有阳光,是因为总低着头;不是不聪明,是总认为世界上自己最聪明;不是没有岗位,是不胜任岗位的素质要求;不是我不行,而是我不学!随着时代的进步,我们必须适应变化,在变化中树立竞争和危机意识,迎接新生活中不确定因素的挑战。

在非洲的草原上,生活着斑马、羚羊和狮子。每天早晨,羚羊和斑马,睁开眼睛所想到的第一件事就是:我必须比狮子跑得快,否则,我就可能被吃掉;狮子也在想:我必须追得上跑得最慢的羚羊和斑马，否则，我就会被饿死。

在人类生活中，从另一个意义上也重复着同样的故事。这个故事给我们提出这样一个问题：我们应该同情谁？到底谁应该活下去？正确答案应该是：物竞天择，优胜劣汰，强者生存！自然界不同情弱者，市场经济不相信眼泪。为了更好地生存，我们永远要比别人跑得快！

也有人讲过这样一个故事：

两个运动员在森林里行走时遇上了一只老虎，其中一个人急忙穿上跑鞋，另一个人则讽刺说，你穿跑鞋也没用！同伴回答说，我只要跑过你就可以了！这个故事告诉我们，我们要不断地穿上跑鞋，与身边的人赛跑。我们要喜欢竞争，因为对手有多强我们就会有多强！

在21世纪里，一些公司的员工将遍及全世界各个角落，人们可以身兼数职，可以在全球众多公司同时供职；随着网络的应用和发展，目前的众多职业，将从地球上永远消失，虚拟经济已颠覆现实，这是一种趋势，一种潮流，不可逆转。随着我国入世，竞争会越来越激烈，就业、下岗、再就业、再下岗，将成为司空见惯的事。要想避免生存上出现困难，唯一的办法就是多学几项本领，一专多能。这样，一旦下岗失业，心中不慌。只要我们精神不下岗，就可以重新学习新知识、新技能，学习在市场经济大潮中搏击的本领，总有一天会在另一个行业里重新上岗！

曾经听过一个关于猫和老鼠的笑话故事：

一只老鼠差一点儿被猫抓住，仓皇逃进洞里，下决心三天不出洞。一会儿，洞口传来几声狗叫，老鼠想，现在已经很安全了，因为狗与猫也是死对头，有狗在，就一定没有猫。于是放心地又出去觅食。

刚到洞口，就被那只猫一口咬住。老鼠感到很奇怪，于是问猫："请教猫先生一个问题，刚才我听到的明明是狗的叫声，为什么不是狗，而是你？"猫幽默地回答："已经21世纪了，不多学一两门外语，还怎么生存下去！"

人生下来就已经注定要竞争一生：为了优越的生活，为进入大学而竞争。如果是没有危机感的人，在当今社会是无法立足的。为危机做超前准备，就会化危机为转机。21世纪是终生学习的世纪。"学习如逆水行舟，不进则退"。不学习就会落后，学得少了也是一样的结果！错过一次次学习、提高自己的机会，慢慢就会被别人超越。

如果你正在做社会中很少有人涉足的事业，那么恭喜你，你已经比别人先行一步，超越了大部分人，这就是一种成功。当别人休息的时候，我们还在学习，我们又一次超越别人。要想比别人强，就要比别人懂得多，懂得多来自多学。只有懂得更多，才能做得更好。只有比别人做得更好，才能强于别人。成功人士总是做那些普通人能够做而不愿做的事，他才成功！

没有目标的人，都在帮助有目标的人达成目标。成功者也需要众多普通人的帮助、衬托和让位！所以从某种意义来说，少数人的成功，要感谢多数人的落后！在运动场上，裁判员不是根据起点的先后认定名次，而是看谁先到达终点！作为观众，通常不会赞赏跑在最后面的人。竞争会推动社会进步，竞争会使我们由弱变强！

这个世界是不断变化着的，一刻也停不下来，熙熙攘攘的人类为了在有限的资源中争得自己的一份儿，使出浑身解数。因此，一个人的水平和能力需要不断地提高才能有资本与人竞争。要想脱颖而出，必须加强竞争意识，为了自己的未来努力奋斗。

第三章 没有好的心态，努力也是徒劳

驾驭自己的消极情绪

驾驭自己的消极情绪，努力发掘、利用每一种积极的情绪因素，是一个成功者所需的基本素质，也是一个人成功的基本保证。

在一件事情没有发展到最坏的结果，无法收拾的时候，万不可轻易选择放弃。要知道人的智慧是无穷的，说不定下一秒钟，就会想到解决的办法。你和苦难就好比是战场上两个势均力敌的对峙者，谁也不能料到最后谁能成为胜利者。所以，这时候面对困难，你一定要驾驭好自己的消极情绪，别让它成为成功的障碍。

驾驭自己的消极情绪，也就是说努力发掘、利用每一种积极的情绪因素，这不仅是一个成功者所需的基本素质，也是一个人成功的基本保证。

保罗在一家夜总会里做事，收入仅能解决温饱，但是他的生活却洋溢着快乐和自足。

保罗有个爱好，就是非常喜欢车。然而，以他那微薄的工资买一辆车，简直难如登天。每次和朋友相聚在一起的时候，他就会感慨地说："我要是能够拥有一辆属于自己的车，该有多好啊！"眼里充满了无限的希望和期待。

有朋友建议他去花两元钱买彩票，这样或许会有机会中大奖。于是他就拿两元钱去买了一张彩票，或许是老天太过怜爱他，没想到他真的就中了大奖。这让朋友们简直不敢相信这是真的，觉得这真是一个天大的奇迹。

可事实就是如此，一切都美梦成真了。保罗终于实现了自己的愿望，他买了一辆车，每天都开着它四处转，别提心里有多开心了。时间久了，夜总会去的次数也少了。人们看到的只是他每天吹着口哨儿，脸上洋溢着快乐在林荫路上行驶着，车子擦得十分干净。

但天有不测风云，让保罗想不到的是，他把车停在楼下，半小时出来后，却发现车子被人盗走了。这让保罗心里有些难受，更多气愤的是偷车那个贼。一整天他都陷入了不愉快的状态。到了晚上，他躺在床上想了许久。第二天，他却突然间好像什么事情都没发生一样，依旧变得开心起来。

当消息传到朋友那里，朋友们想到他如此爱车如命，并花了那么多钱买的车，转眼间就没有了，都担心他承受不了这个打击,便相约前来安慰他。

这天,保罗正赶往夜总会上班。朋友见到他说:"保罗,车丢了可千万别太悲伤了啊!"

保罗却突然大笑地说道:"我为什么要悲伤啊!"

朋友们都愣住了,互相疑惑地望着,不知道保罗是不是强忍悲伤。

这时保罗接着说:"不要疑惑,如果你们谁不小心丢掉了两元钱,你们会为此悲伤吗?"

其中一人回答道:"当然不会。"

保罗紧接着又说:"这就对了,我丢的就是两元钱,所以不值得去悲伤。"

的确如此,何必为两元钱悲伤呢?保罗之所以过得快乐,就因为他能够驾驭生活中的消极情绪。

要知道,消极情绪会成为你人生前进路上的绊脚石,如果对消极情绪采取放任自流的态度,就会很容易影响生活。而不懂得丢掉消极情绪的人,也注定不会走到成功的尽头。

生活中有许多小事根本就是微乎其微,别人根本没有在意或早已忘却,只有你还记在心里耿耿于怀,这就是人们无法战胜自己的体现。人们总是努力地想去扮演一个完美主义者的形象,然而这是一种苛刻的想法,只会加重了我们情绪的负面影响,给自己的心理造成障碍。

　　契诃夫在《小公务员之死》的小说中，讲述了一个可怜的小公务员在看戏的时候，尴尬地和部长大人坐到了一起，由于说话时候不小心，将唾沫星子溅到了部长的大衣上，于是他就开始神经般地惶恐起来，不管怎样解释，都觉得部长没有原谅他的意思。最后小公务员在精神的压力和折磨下，走向了死亡。

　　生活中，同样有不少人也是如此，本来不经意的一件事情，却总放在心里，寝食难安，担惊受怕，成了影响自己生活的消极情绪。殊不知，小小失误是人之常情，只要吸取教训，丢掉这个坏情绪，就会一切都美好起来。

困境之下，放松自己

只要放松自己，告诉自己希望是无所不在的，无论你身处怎样的困境，你都能有所创造，并发现另一种希望依旧可以走向成功。

许多人一旦陷入困境，就会悲观失望，放弃对生活的希望，而对自己施加沉重的压力。却不知道，在困境之下，学会放松自己，才会有路可走，才会得到另一种让人想不到的收获。

有个寓言故事是这样说的：

有个有缺口的圆圈，因为自己缺了口，而不完美，所以就想尽办法去寻找自己丢失的那一部分。一路上，他因为少了一个缺口，滚起来很慢。这便让它发现了路边的景色十分美丽，它感受到风儿在轻轻地抚摸它，花瓣在花丛中翩翩起舞，绽放出沁人的芳香，小虫子也互相玩耍，说着悄悄话，这让他觉得一切是那么美好。

走了几天，终于在路边一处找到了自己丢失的部分。这让它十分欣喜，因为它终于可以恢复完整的圆了。它按上自己那个缺口，滚起来非常的快，可是他却觉得自己再也欣赏不到路边的风景了，这让它很失望，最后它经过深思熟虑，决定放弃那个让它千辛万苦寻找到的那一小部分，仍做个不完美的圆。

人不可能十全十美，而人的缺陷也并不一定是件不幸的事情，有时候人生或许就是因为它的缺陷而美丽。就像寓言中的圆一样，本来是想要找回自己的缺陷让自己回到完整，但是当它回到完整时，才意识到正是因为自己的缺陷所以才让它感受到了以前从没感受过的快乐，所以他最终放弃了自己的完整，而使自己享受缺陷的美丽。这正告诉我们一个道理：生活中没有完美的事情，或多或少都会失去一些东西，而正是因为你的失去，才会让你有别样的感受，获得另一种希望的开始。

所以说，只要放松自己，告诉自己希望是无所不在的，无论你身处怎样的困境，你都能有所创造，并发现另一种希望依旧可以走向成功。

在威斯康星州，有一个名叫约翰的人经营着一座农场。他就就业业地努力为农场付出了全部心血，就在他想把农场做大的时候，他却发生了意外，因为中风，身体陷入了瘫痪状态。为此，家人们十分伤心，同时也对他失去了希望。无奈之下，将他接回家中休养，让他在床上躺着。而约翰却清楚地知道，自己虽四肢不灵便，但意识却是清晰的，还能够思考。于是他想：我不能因为病倒，就放弃自己对农场的规划，有了思想我依然可以去经营农场。于是他凭借这个念头来弥补不幸所造成的缺憾。

随后，约翰立即把亲戚都召集了过来，并告诉他们自己的规划，要他们在农场里种植谷物。然后将这些谷物加工成猪的饲料，再将这些喂养的猪宰杀，用来制作香肠。结果，他的这一想法成功了。香肠问世后，在全国各商店出售，得到了人们的一致认可和欢迎。没几年，约翰和他的亲戚们都成了拥有巨额财富的富翁。

或许有人会认为，约翰的成功是侥幸，其实不然。他的成功是靠他敢于在困境之下，放松自己的缘故，也正是他的不幸迫使他运用从来没有真正运用过的一项资源：思想。他让自己充满希望，为自己确立了目标，怀着坚定的信心，同亲戚们组成智囊团，共同实现了这个计划。

或许约翰也被病魔打倒过，但是他却通过努力发现了自己的思想力量，在他看来虽然他得到补偿只是财富，而这和他所失去的行动能力并不成正比。但约翰从他的思想力量和他亲戚的支持力量中，也得到了精神方面的满足。虽然他的成功，并不能使他的身体恢复行动能力，但却使他得以掌控自己的命运，而这正是个人成就的最佳表现。其实，他完全可以躺在床上度过余生，每天让人伺候，为自己悲伤难过，但是他没有这样做，反而带给他的亲人们意想不到的希望。

所以说，正是约翰的不幸，才激发出他这个伟大的计划，这样看来困境并不可怕，它只是另一种希望的开始。那么此时正在困境中的你，也一定不会在困境面前悲伤了吧？那么就赶快让你的思想也活跃起来吧，算算你从挫折当中，可以得到多少收获和资产。你将会发现你所得到的，会比你失去的要多得多。不管你在哪儿，在哪种困境下，总有希望和有益的事情在等着你。

在困难面前要积极思考

积极思考的人,他的心灵和头脑都生机勃勃。人生旅途上遇到的一切问题,自己都能去面对和解决。

戴高乐曾说:"困难,特别吸引坚强的人。因为他只有在拥抱困难的时候,才会真正认识自己。"

扪心自问:我努力过了吗?对于你目前所遭遇的困难,你是勇敢地尝试?还是懦弱地躲避呢?如果你是不断地努力去尝试,而且不止一次地去尝试,你便会发现:许多人之所以失败,正是由于不能竭尽全力去尝试,而这些努力正是走向成功的必备条件。因为克服困难的第一个步骤,就是要学会认真去面对困难,然后再去积极地思考。

有个男孩在报上看到招聘一个男孩的应征启事,正好是适合他的专业。第二天早上，他提前来到了应征地点，却发现应征队伍已排了一长队男孩。

这时，如果换成一个意志薄弱、不相信自己的男孩，可能会因此而打退堂鼓。但是这个男孩却没有退缩。他认为自己应该想办法，运用自身的智慧来争取这个位置。他的思想中一直想着自己如何解决眼前这个问题，而一点也不往消极面思考。

他拿出一张纸，写了几行字，然后走出行列，并拜托后面的男孩为他保留位子。他走到负责招聘的人事管理面前，很有礼貌地说："你好！主管，麻烦你把这张纸交给老板，这件事对我很重要。谢谢你！"这位主管看到眼前这个神情愉悦，文质彬彬的他，突然觉得他有一股很强的吸引力，因此对他的印象很深刻。所以，她将这张纸交给了老板。

老板打开纸条，只见上面写着这样一句话："你好！先生，我是排在第31号的男孩。请不要在见到我之前做出任何决定。"

老板会心地笑了，心想："像他这样会思考的男孩无论到什么地方一定会有所作为。虽然他年纪很轻，但是他知道如何去想，认真思考。他已经有能力在短时间内抓住问题核心，然后全力解决它，并尽力做好。"于是录用了他。

与男孩相比，生活中的我们是否也会像男孩一样，遇到问题，认真思考，用自己的方式解决问题呢？如果没有，希望从现在开始，在遇到困难时，把自己当成强者，了解"困难"是一片肥沃的土壤，能使良好的果实植根于此。

所以说，一个具有积极思维的人，面对苦难他不会紧张、害怕，甚至是退缩，而是拥有积极乐观的人生观，懂得在困难面前去找到问题的突破口，而再积极地去思考如何将问题解决。所以说大凡成功的人，都会有这样的心态：遇到问题要学会积极去思考。正所谓真理往往是通过实践才得出的，而不是凭空捏造的。

伽利略总喜欢提问题，并且对任何事物都打破砂锅问到底。也正是因为他这种积极的思考才使他在17岁那年，考上了比萨大学医科专业。

在一次生物课上，比罗教授在讲胚胎学中说道："母亲生男孩还是生女孩，是由父亲身体的强弱决定的。父亲身体强壮，母亲就生男孩；父亲身体衰弱，母亲就生女孩。"

比罗教授刚说完，伽利略就举手问道："老师，我有个问题不明白。"

比罗教授十分不高兴地说道："你的问题太多了，仔细听我讲课就是了，不要想些没有用的东西，作为学生就该认真听老师讲课，多记笔记。"

伽利略反驳道："我没有胡思乱想，只是老师说的问题我就是不明白。因为我的邻居，那个男的身体非常强壮，可他的妻子一连生了5个女儿。这与老师讲的正好相反,这该怎么解释?"比罗教授为了强压服他,接着说:"我是根据古希腊著名学者亚里士多德的观点讲的,不会错!"伽利略并没有退缩,继续说:"难道亚里士多德讲的不符合事实,也要硬说是对的吗?科学一定要与事实符合,否则就不是真正的科学。"这一问,使比罗教授不知所措,十分尴尬地站在讲台上。

后来,伽利略的行为被校长进行了一顿批评。但是这丝毫没有影响到他勇于坚持、好学善问、追求真理的精神。正因为这样,他最终成了一代科学巨匠。

所以说,善于积极思考的人,他的心灵和头脑都生机勃勃。人生旅途上遇到的一切问题,自己都能去面对和解决。

从挫折中汲取教训

生活中的我们,都可以化失败为胜利。只要你从挫折中汲取教训,好好利用就可以对这个失败泰然处之了。

把每一个"失败"先生同"平凡"先生以及"成功"先生相比,你会发现,他们在年龄、能力、社会背景、国籍以及任何一方面都有可能有一处相同,但只有一个是与众不同,那就是他们各自应对挫折的反应不同。

当"失败"先生跌倒时,它就不会再爬起来。所以只会躺在地上哀怨不停,怪上天不公平,怨自己运气不好;"平凡"先生跌倒时,会跪在地上,转身趁机逃跑,因为他害怕再次摔倒,而承受不住打击;但"成功"先生与他们两者却不同,他摔倒后,就立刻站起来,再摔倒,就再站起来,是越挫越勇,同时会吸取前几次的教训,从中总结经验,向前不断冲刺。

所以说，往往是"成功"先生被人们信赖和赞扬。因为它懂得，如果能利用种种挫折与失败来驱使自己更上一层楼，那么不管你有多大的理想都能够实现。

在学校教书的教授们就深知这一道理。他们一般从学生对于成绩的不及格的反应来判断其学生将来的成就。

拿破仑·希尔在大学授课时，把一个即将毕业的学生成绩打了个不及格。这让那位学生无法按时毕业，打击很大。因为那个学生早在毕业前，就做好了各种毕业后的计划，如今不得不将所有计划取消，这让他十分沮丧。而他目前只有两条路可以走：一是安心在学校复习，重新考试，到下年度拿上毕业证；第二，一气之下走人，不要毕业证。

但是那位学生好不甘心，因此对拿破仑有十分大的意见。这也正如拿破仑所料。这天他找到了拿破仑，质问他为什么自己就没过关。拿破仑对他说，因为你的成绩太差，自己也承认是平时用功不够。但是，他却接着说："我平时成绩也是在中等水平的，你看能不能通融一下，让我过了。"拿破仑此时表情很严肃，用非常肯定的语气对他说："那是不可能的。因为这个成绩是通过多次评估才做出的决定。"

看到这位同学一脸的难过，拿破仑提醒他说："学籍法禁止教授以任何理由更改已经送交教务处的成绩单，除非这个错误确实是由教授造成的。"这位同学见已经没有让路,显得很生气,反驳道:"教授,我可以随便说出本市50个没有修过这门课的人,他们不也一样成功。你这科有什么了不起!为什么非得让我因为这一科就拿不到学位。"

那位同学发泄完后,拿破仑·希尔沉默了一会儿,因为他知道避免吵架的最好办法就是暂停一下。随后,拿破仑对他说:"你的话很有道理,的确有许多人不知道这门课程,他们照样取得了成功,但是你想你将来就很可能不用这门知识获得成功,那么一辈子也不会知道这门课的知识,但是你今天对这门课程的态度却对你将来有很大的影响。"

那位同学似懂非懂,问道:"教授,我不明白你真正的意思?"拿破仑笑道:"这样吧,我给你提个小小的建议,我十分理解你此时的心情,我也不怪你今天的鲁莽。但是我希望你能够吸取失败的教训,用积极的态度来对待这件事情,因为这一课对于你来说很重要,如果你不能从这件事情而改变你的态度,那么你将来肯定会一事无成。所以,请记住这个教训,等到5年后,你就会获得一个最大的教训。"

那位同学听后,便悻悻地走了。但是几天后,拿破仑得知这位同学又去重修了这门课程,十分高兴。而且最后他的成绩十分优秀。

当那位学生拿到毕业证后,特地向拿破仑表示感谢,说是那

第三章　没有好的心态，努力也是徒劳

次的争论让他明白了许多道理。拿破仑也开心地说："看来，这次的不及格让你受益无穷啊。"而那位同学也说："我也觉得很奇怪，我甚至很庆幸自己那次没有通过。"

生活中的我们，是否也有过这样的经历，失败是人之常情，只要你从中吸取教训，就能够对失败泰然处之了。

拿破仑说过："千万不要把失败的责任推给你的命运，要仔细研究失败的实例。如果你失败了，那么继续学习吧。可能是你的修养或火候还不够的缘故。你要知道，世界上有无数人一辈子浑浑噩噩、碌碌无为。他们对自己一直平庸的解释不外是'运气不好'、'命运坎坷'、'好运未到'。这些人仍然像小孩儿那样幼稚与不成熟；他们只想得到别人的同情，简直没有一点主见。由于他们一直想不通这一点，才一直找不到使他们变得更伟大、更坚强的机会。"

所以说，我们一定要记住拿破仑的话，从现在开始，马上停止诅咒自己的命运，因为诅咒命运的人永远得不到他想要的任何东西。

不要盲目和别人攀比

生活中的很多事情其实并不需要太在意。真正需要我们在意的，是怎么才能及早去除盲目攀比、自我折磨的扭曲心理。

有本书中曾说："如果我们仅仅想获得幸福，那很容易实现。但我们希望比别人更幸福，就会感到很难实现，因为我们对于别人幸福的想象总是超过实际情形。"

的确如此。生活中，大多数人总是在哀叹自己的不幸，而对他人的成绩羡慕不已。他们总是在抱怨：

——小丽都涨工资了，却不给我涨，什么道理吗？

——你看小方都买新房子了，他和我一块进的公司，看看人家，再看看自己，唉……

——人家的孩子多争气，考上了清华，看看自己的孩子，真

是没办法……

类似的慨叹和抱怨，相信我们都曾经有过。看着别人有钱，嫉妒；看着别人有权，诅咒；看着别人有房，羡慕；看着别人晋升，委屈……还有些人羡慕影星、歌星、运动明星，看到他们整天地被包围在鲜花和掌声之中，就垂涎三尺，认为痛苦与他们无缘。

其实，人各有失意，只是你没发现而已。正如同漫画大师朱德庸所说："我相信，人和动物是一样的，每个人都有自己的天赋，比如老虎有锋利的牙齿，兔子有高超的奔跑、弹跳能力，所以它们能在大自然中生存下来。人们都希望成为老虎，但其中有很多人只能是兔子。我们为什么放着很优秀的兔子不当，而一定要当很烂的老虎呢？"

生活中少不了攀比，而且从一定的意义上说，攀比还是人进步的推动力。一个人如果想在社会上确定自己的位置，并不断超越自我，必须选定一个参照物。但是，这种攀比必须是理性的比较，而不是盲目的比较。也就是说，我们可以不知足，但是不能盲目攀比。否则就会失去自我和特色，到头来只能是徒增烦恼。

俗话说："人比人，气死人"。事实上，与人相比、竞争都很正常。只有看到自己的短处，才有可能尽快弥补，不断进步。而那些因为人比人而被气死的人，往往是因为他们自身性格和心理上的缺陷，导致了他们无可救药的自卑，即使他们已经非常优秀。

比如《三国演义》中，周瑜发出人生的感慨："既生瑜何生亮"；还有童话故事中，那位王后每天都拿着魔镜反复念道："魔镜魔镜谁最美丽"的王后。其实这都是一种嫉妒心的存在。

生活中，我们很多人都是这样，习惯与人攀比，希望自己是世界上最独特的，于是用他们最特长的地方来比别人的不擅长处，从而享受胜利的喜悦。殊不知，你的缺点处恰恰是别人的优势。这样的人，其实生活的看似幸福，却并不快乐，因为攀比的心态让他永远不知足，不知道幸福快乐的生活是什么。而那些心胸宽广的人，则会抱有知足常乐的心态，体会到自己的成功和幸福。

所以，我们应该学会正视自己，学会自我开释。只要退一步想，你就会发现，生活中的很多事情其实并不需要太在意。真正需要我们在意的，是怎么才能及早去除盲目攀比、自我折磨的扭曲心理。

失败唤起我们的雄心

如果我们是一位强者，如果我们有足够的勇气和毅力，失败只会唤醒我们的雄心，让我们更加强大。

在我们寻找成功的路程中，我们总会遇到失败那张冷如冰霜的面孔，但只要我们能够锲而不舍地坚持下去，那么成功就会走到你的前面，因为失败的邻居是成功。

美国总统西奥多·罗斯福在一次演讲中曾说："我希望每一个美国人都有坚强的意志，决不能被生活中暂时的挫折所吓倒。每一个人都会遇到打击，请你从失败中奋起，去拥抱胜利吧！这就是千百万勇敢而伟大的人物取得成功的秘诀。"

的确如此，伟人成功的秘诀正是我们的借鉴和座右铭。不然历史上，怎么会有那么多的名人和将领。

威灵顿就是其中最典型的成功形象之一。

在拿破仑帝国时期,法兰西同欧洲发生了连续多年的大规模战争。由于拿破仑大军横扫整个欧洲战场,迫使其他欧洲国家结成欧洲同盟,一同对付拿破仑。当时,指挥同盟军的是威灵顿将军。

然而,威灵顿指挥的同盟大军却在拿破仑面前连连失败。最严重的是,在一次大决战中,同盟军遭受了惨重的失败。威灵顿拼命抵挡,最后杀出一条血路,带领仅有的一些人马,逃到了一个山庄。威灵顿疲惫不堪,在山庄找到一处坐下来歇息。想着自己眼前如此的落魄,心中一阵寒酸和寒冷,真想一死了知。

绝望的威灵顿仰头望着自己的上方,突然他发现,墙角有一只蜘蛛在结网。或许是因为丝线太柔,刚刚拉到墙角一边的丝线,一阵风吹来,就断了。但是蜘蛛又重新忙了起来,反复二次,可最终新的网还是没有结成。威灵顿看着这只失败的蜘蛛,不禁觉得它同自己一样都是个失败者,更加惆怅难过起来。

但当他再抬眼望去,却发现蜘蛛并没有因失败而放弃,而又开始了第三次。威灵顿静静地看着它的举动,心想:蜘蛛啊,你就别费力气了,你是不会成功的。结果和威灵顿预想的一样,蜘蛛这次努力依然以失败而告终。但是他却发现,蜘蛛越是失败,越是忙碌着,丝毫没有放弃的意思,来来回回,反反复复一刻也不休息。威灵顿数着,已经是第六次了,这回该放弃了吧。但是蜘蛛并没有,它仍旧在原处,不慌不忙地吐出丝,然后爬向另一头。终于在第7次，蜘蛛结成了一张新网。小蜘蛛则像国王一样护着它的网。

看到这一情景，威灵顿激动得流出了眼泪，他为蜘蛛的越挫越勇、永不放弃的精神而深深感动和佩服。他起身，对着蜘蛛深深鞠了一躬，立刻带着将士们赶路回去。

回去后，威灵顿不再为失败而苦恼，而是化悲痛为力量，激励士气，马上集结被击败垮的部队，经过艰苦的训练，终于在滑铁卢一战，大败拿破仑，取得了胜利。

从中可见，失败是迈向成功的必然步骤。如果你不曾失败，那么就不会有成功的开始。失败，正是考验我们勇气的时候。如果一个人敢于面对失败，从失败中总结教训和经验，奋起拼搏，像蜘蛛一样不论失败多少次，都不会放弃，那么他就一定能够成为一个胜利者。所以说，让我们有足够的勇气和毅力去接受失败吧，因为失败会唤醒我们的雄心，让我们更加强大。

第四章 努力也是有窍门的

保持危机感，同时也要看到契机

无论在生活中还是在工作中，大家都希望得到一种安全感。然而在现在这个竞争激烈的社会中，谁都无法将自身处于一个安全的位置，来自外界和自身的压力会不停地让我们充满危机。

例如，在工作中我们常常会感觉到知识危机。我们处在一个知识经济的时代，知识的更新速度极其快。也许我们在知识的海洋里稍微有所懈怠，我们就已经落后时代一小步了，久而久之，如果不增加自己的知识，就一定会被时代所淘汰。所以，我们必须不断学习，保持清醒的头脑，持续补充我们的知识，只有这样，我们整个人才能鲜活起来。

除了知识危机，我们也注意到了职业危机。所以，我们要从这种压力中获得动力。不断追求创新、时刻保持激情，让我们的生活节奏变得更快、更有效率、更加丰富多彩。

我们面对的危机有很多，如果你没有感受到它已经在你身边，那么你很可能已经深陷在危机之中了。

保持危机意识，并不是让大家惶恐不安。时刻警惕着变化，当变化来临的时候就不会觉得可怕了。我们不难发现，越是优秀的人越是抱有危机意识，总是对自己不满足，以此作为前进的动力，希望自己可以做得更好，这就是他们之所以优秀，之所以比他人成功的关键所在。所以，我们应该感谢我们时常抱有的危机感让我们在竞争中立于不败之地，让我们可以获得更多的安全感。

沙丁鱼是西班牙人最喜欢吃的鱼类之一，市场需求很大。但沙丁鱼的生存条件很苛刻，一旦离开大海，便难以存活。当渔民们把刚捕捞上来的沙丁鱼放入鱼槽运回码头后，过不了多久，沙丁鱼就会死去。而死掉的沙丁鱼味道不好，销路也差。倘若抵港时沙丁鱼还存活着，活鱼的卖价要比死鱼高出若干倍。

为了延长沙丁鱼的存活期，渔民们想方设法让鱼活着到达港口。后来渔民们想出一个办法，将沙丁鱼的天敌鲇鱼放在运输容器里。因为鲇鱼是食肉鱼，放进鱼槽后，鲇鱼便会四处游动寻找小鱼吃。为了躲避天敌的吞食，沙丁鱼自然加速游动，从而保持了旺盛的生命力。如此一来，沙丁鱼就一条条活蹦乱跳地到达渔港。

需要注意的是，时刻保持危机感并不是要我们以悲观的态度去看待一切。我们要明白，危机感是一种心理状态，聪明的人都善于在逆境下保持危机感，在危机中看到契机。

比尔·盖茨曾说："微软离破产永远只有18个月。"海尔的张瑞敏总是感觉"每天的心情都是如履薄冰，如临深渊"。联想的柳传志总是认为："你一打盹，对手的机会就来了。"创建过亚信公司、中国宽带产业基金，担任过网通总裁的田溯宁也认为："企业成长的过程，就像是学滑雪一样，稍不小心就会摔进万丈深渊，只有忧虑者才能幸存。"

这些身经百战的创业家们都深知缺少危机感的后果。我们每个人的内心也都需要适度的危机感，使自己保持进取的斗志，保持勇于拼搏的胆量。

孟子说："生于忧患，死于安乐。"意思是说一个人或一个国家如果保持忧患意识，不松懈，那么便能生存；如果长期安逸享乐，那么就有可能自取灭亡。

正如黑夜和白天总是密不可分，没有黑夜就没有白天。危险和机会也总是并行，机会的背面就是风险。正如哈佛商学院教授理查德·帕斯卡尔所说的那句名言："21世纪，没有危机感是最大的危机。"

危机随时都可能出现，可你往往对什么事情都不清楚，信息很少，但臆测和谣言却很多，或者信息多得无法筛选出哪些是真正重要的。这时我们该怎么办？是转危机为契机还是被危机打垮？

　　此时，我们需要冷静下来，找到真正的问题所在，并信心十足地处理危机，同时发动自己所有可动用的资源，尽量让大家都参与进来，共同努力应对危机。要知道，危机其实是为我们提供了一个发掘自己潜能的机会，我们可以从中收获更多。

别只顾着埋头拉车

思考是行动的灯塔,没有经过思考就盲目行动,往往会把事情做得一团糟。经过深思熟虑之后再进行行动,这样目的很明确,效果很明显。凡事不懂得思考的人往往会走弯路,甚至会走向歧途。

很多有意义的构想和计划都出自于思考,而且思考得越痛苦,受益就会越大。一个不善于思考难题的人,会遇到许多取舍不定的问题。相反,正确的思考能产生巨大的作用,可以决定一个人应该采取什么样的行动。

著名的数学家华罗庚常常在夜晚也要进行工作。一天深夜,他去实验室里拿东西时,看到一个学生还在试验台前工作。

华罗庚走上前去,关切地问道:"这么晚了,还不去睡觉,在干什么呢?"

这位学生抬起头望了望华罗庚,说:"我在工作呢!"学生期望着教授会对他的勤奋给予嘉奖。

可是华罗庚并没有表扬他,而是问道:"那你白天工作的时间在做什么呢?"

学生不知道老师为什么这么问,缓缓地说:"我也在工作啊!"

"那么,你整天都在工作吗?"华罗庚望着学生的眼睛问道。

"是的,老师,我一直都在努力工作着。"

华罗庚低下头停顿了片刻,说:"你很勤奋,你的这种精神是值得嘉奖的,但是我想提醒你的是,你这么忙于工作,那么有没有时间来思考呢?"

一句话说得这位学生低下了头,良久,才喃喃地说:"我只顾着自己埋头苦干了,却忘记了思考才是最重要的。"

任何一个领导都希望看到自己的员工在工作中勤于思考,这是完成工作计划中非常重要的一个环节。这个世界不缺会干活的人,缺的是会思考的人。任何一个公司在做一件事情之前,如果决策层没有认真地进行思考,这件事情就不会干得非常出色。而我们在工作中也是如此,如果自己不主动进行思考,也很难做好自己的工作。

曾经有一个非常年轻的铁路邮递员，开始的时候，他与所有的邮递员一样，用传统的方法分发邮件和信函。由于是手工分发，出现了不少的漏洞。很多邮件和信函往往耽误了几天、几周，甚至有的误投误送。

年轻人通过不断摸索和实践，发明了一种将邮件和信函集中运送的办法，他就是成为美国电话电报公司总经理的贝尔，这一个小小的发明，竟一下子改变了他的命运，成就了一位世纪伟人。

我们都希望将本职工作做好，完成既定目标，对公司有所贡献，同时也会使自己享受成就感，进一步接近自己的梦想目标。但是，我们在具体工作中，是"在干工作"还是"边思考边干工作"？简单的执行很容易成为顺利完成工作的障碍，甚至不能达成预期的工作目标。不要成为工作中"无心的懒人"。

失去了"思考"，我们就会变得懒惰，就会错失看到新事物的机会，丧失发现机会的能力，所做的工作也只是简单的复制。而我们也和办公室里的电话、电脑一样，只是个工具而已。思考让我们在困境中寻找到更好的解决方法，它能让我们变得更加聪明，它教我们如何调整自己，如何趋利避害。

要知道，独立思考是一种能力，它可以找到规律性的东西，且能够帮助你解决一系列问题。不仅如此，假如你在学习上学会了独立思考，那在为人处世的其他方面也会独立思考、动脑筋，不会只想着去问别人。而这又会涉及独立思考的又一个更为深远的用意——独立思考，培养人独立的个性。

正如爱因斯坦所说："要善于思考、思考、再思考，我就是靠这个方法成为科学家的。"许多科学家之所以能发明创造出很多的东西，就在于他们懂得思考的重要性，并在实践中时时不忘思考。

选择并非越多越好

有选择好，选择越多越好，这几乎成了现实生活中人们普遍认同的现象。但是最近由美国哥伦比亚大学、斯坦福大学共同进行的研究表明：选项多反而可能造成负面结果。科学家们曾经做了一系列实验，其中有一个实验让一组被测试者在6种巧克力中选择自己想买的，另外一组被测试者在30种巧克力中选择。结果，后一组中有更多的人感到所选的巧克力不太好吃，对自己的选择有点后悔。

另一个实验是在斯坦福大学附近的一个以食品种类繁多闻名的超市进行的。工作人员在超市里设置了两个饮食摊子，一个有6种口味，另一个有24种口味。结果显示，有24种口味的摊位吸引的顾客较多：在242位经过的客人中，有60%会停下试吃；而在260个经过6种口味的摊位的客人中，停下试吃的只有40%。不过最终的结果却是出乎意料——在有6种口味的摊位前停下的顾客有30%至少都买了一瓶果酱，而在有24种口味摊前的试吃者中只有3%的人购买东西。

太多的选择容易让人游移不定，拿不定主意。

人的一生会经历无数次选择，即无数次机会的把握。正确的选择可以造就生命中灿烂的前程，错误的选择可以毁掉生命的梦想而只能感受遗憾的苦果。

有一个年轻人中学毕业后没有考上大学，他感到心灰意冷。为了糊口，只好去了一个理发店学理发。没干多久，他就觉得理发没有出息，后来又去当兵，几年后复员回家，还是找不到像样的工作，只好又回到理发店理发。他觉得命运对他的安排就是理发，既然这样，那就把理发这件事做好。于是，他调整了自己的心态，爱上了这项工作，并立志要成为最优秀的理发师。几年之后，他真的成功了，并拥有了自己的理发美容院。

这位年轻人从不喜欢理发到选择了理发，从觉得没出息到做得有出息，全在于能够及时地进行人生的自我调整。

有时选择是主动的、自主的，你可以尽情地选择；有时选择又是被动的、被迫的，你不得不选择，不能不去选择或者说是别无选择。选择也是双方的，既要选择又要被选择。

有空间宽裕的选择，有余地狭小的选择，有轻而易举的选择，有要付出代价和牺牲的选择。但是，只要及时做出选择，那就可能会"柳暗花明又一村"。

凯斯顿是美国纽约20世纪福克斯公司的电影制片人，制作了20年的影片，他认为这是他唯一能做的工作。可是突然有一天，他丢掉了这个饭碗。他沮丧极了，因为他不知道自己除此之外还能干什么。有一天，他正心灰意冷地在大街上闲逛，迎面碰上了过去的一位同事。这位同事的一番话调整了凯斯顿的心态，使他走出了人生的低谷，开始迈向成功人生。

凯斯顿后来回忆他们当时的对话：

"他对我说：'你担心什么——你的本事多得很。'我记得自己非常沮丧地说：'真的？我有什么本事？'他告诉我：'你是一个了不起的推销员。多年来你不是一直把许多电影构想推销给总公司的人吗？天晓得，如果你能推销给这些老奸巨猾的人，你就能把任何东西推销给任何人。'"

人生需要不断地进行自我选择，因为社会生活在不断地发生变化，今天你可能在某个位置，明天也许就要另谋出路。

所以，你常希望有更多的选择，但如果真的让你在众多的选项中选择，你常常又会"逃避选择"。可见，选择并非越多越好。人在面临一个选择的时候，往往能冷静地分析，并做到正确地判断。而当他面对很多选择的时候，可能就会举棋不定，犹豫不决。所以，在选择面前，我们要调整自我，认真分析，及时做出适合自己的选择。

以智取胜才是上策

一个问题，可以用不同的方法来解决。该选择什么样的方法呢？当然是既省力又有效的方法。这就需要你开动脑筋，让你的聪明才智帮你获得胜利。

在生活中，有很多事情都需要我们去动脑筋思考。有很多两全其美、三全其美的办法等着我们去寻找。它们确实存在，只要你肯动脑筋。以力取胜永远都是愚者所为，唯有以智取胜才是真正的上上之策。

有一个小孩，大家都说他傻，因为在5角钱和1元钱之间，他永远选择5角，而不选择1元。有一个人不相信，就拿出两个硬币，一个1元，一个5角，叫那个孩子任选其中的一个，结果那个小孩真的挑了5角的硬币。围观的人看得哈哈大笑。

那个人觉得非常奇怪，便问那个孩子："难道你不会分辨硬币的价值吗？"

孩子小声说："如果选择了1元钱，下次他们就不会让我玩这种游戏了！"

以智取胜，是一种既省时又省力，而且很有效的策略。古今中外运用智慧取胜的案例太多太多。比如三十六计，计计都是用兵的神智。我国历史上的围魏救赵、欲擒故纵、明修栈道，暗度陈仓、空城计等等，都是以智取胜。古人给我们留下了无数以智取胜远胜于以力取胜的故事，告诉我们凡事不可以蛮干，要多思考，想出好办法来解决问题。

在当今这个时代，无论是科学研究还是企业管理，解决现有问题，改良现有产品，或是研发新产品甚至策划开发新市场，都需巧思妙想。简单地说，"以智取胜"早已取代"埋头苦干"，成为商场职场上决胜负的关键。那些聪明的成功者，或者标新立异发明新产品，或者另辟蹊径开拓新的市场，或者不拘一格地使用新的人才，或者出奇兵策划新的方案。那么，你该怎么做呢？根据自己的处境选择适合自己的策略，就这么简单。

1991年，日本某汽车公司为了满足现代消费者讲究商品的高品位，刻意追求个性化的心理，推出了一款名叫"费加路"的新车，受到了顾客的欢迎。但该公司宣布仅生产两万辆，限量销售，结果订单激增到三十多万辆。公司信守诺言，对所有的订购者实行摇奖抽签，只有成为"幸运儿"，才可购得此车。结果，两万辆车还未生产出来，已被预购一空。

   澳大利亚的一家餐馆老板更是别出心裁——顾客就餐后，吃得满意，可以多付款，吃得不满意，可以少付款。该方法一实施，许多顾客纷纷前来就餐，并因把握不准"价格标准"而不好意思少付钱。结果，餐馆每月获利竟比同行高出一倍多。经营者有胆有识，勇于冒风险，使餐馆取得了丰厚的经济效益。

   年轻的你，可能不缺勇气，不缺聪明，但未必有足够的人生智慧。也许你会觉得以智取胜是个老生常谈的话题，但它对你来说确实很有帮助。

每天都要取得进步

在现实生活中，很多人贪多图快，想要一口吃成大胖子。做生意投入就要立刻获取利润，刚进公司就幻想着被领导重用，这是一种典型的暴发户的心理。天上掉馅儿饼的事情是不可能发生的。事实上，大多数人都需要耐心工作，等待机会。只有你一点一滴地去做了，才能在工作上取得一定的成就，否则就会陷入一种尴尬的境地，一遇到挫折就怀疑自己入错了行，选错了公司，想放弃又不甘心，但是进取又没有实力。

我们可以追求短期效应，但目光却应放得更长远些，不要计较一城一池的得失，不要让急功近利的情绪蒙住了我们智慧的双眼。每天挤出一点点时间，让自己进步一点点，是走向成功的重要方法。无论是对精神生活的追求、对物质生活的追求，还是对事业成功的追求都是如此。

一个人，如果每天都能提高1%，那么他离成功就会越来越近。成功与失败的距离其实并不遥远，很多时候，它们之间的区别就在于你是否每天都在提高你自己，假如今天的你与昨天的你相比没有进步的话，毫无疑问，你就会被无情地淘汰。

奥普的创始人文杰有个习惯，不断地向身边优秀的人学习。早年在澳大利亚留学的时候，他就有意识地到当地一家顶尖级灯具城帮忙，当时，文杰根本不懂得商业谈判。他意识到这是个很大的缺陷，希望能向有经验的人多学习。

后来，他在无意中得知自己的老板是个很厉害的谈判高手，就偷偷向老板学习。每当他有机会和老板一起去参加商务谈判的时候，文杰总会偷偷在自己的口袋里装上一个微型的录音机。他把老板和对方的谈话都仔细地录下来，回来后认真地、反复地揣摩和学习，仔细研究老板是怎样分析问题的，如何提问的，以及对方是如何回答的，等等。

就这样，文杰坚持学习了几年之后，终于也成了一个很厉害的谈判高手。后来老板退休了，就把公司所有的事情都交给文杰来处理。再后来，文杰不想再为别人打工了，决定回国创业。奥普就是在这样的基础上做起来的。

知识和能力不是天上掉下来的，而是从学习和实践中不断地总结出来的。所以，要向身边优秀的人不断地学习，学习越多，积累越多，那么他离成功就越近。如果一直站在起跑线上，看着遥远的目标，越来越没有希望，那么他永远都不会成功。

一个人要有伟大的成就，必须每天都有一些小的成就，因为大成就是由小成就不断累积出来的。假如你每天都没有进步，没有成就，那么在心理上你可能永远都不会认同自己，无法获得必胜的信心。

"每天提高1%。"这是一位经理人时刻告诫自己的一句话。只有每天不断地进步与突破，你才能慢慢走向成功。一位古典音乐家坦言："一天不练，自己知道；两天不练，妻子知道；三天不练，听众知道。"

香港首富李嘉诚先生是一个非常注重学习的人。虽然年岁越来越大，但是依旧精神矍铄，每天坚持到办公室工作，从来没有半点儿懈怠。李嘉诚先生身边的工作人员说，董事长熟悉自己业务的每一个细节，这与他几十年来养成的良好的学习、生活习惯是密不可分的。

在生活上，李嘉诚先生也从未倦怠过一天学习。每天睡觉前，他都要看半个小时的书，了解前沿的思想理论和科学技术。据他说，除了小说之外，文、史、哲、科技和经济方面的书他都读，每天读都会学一些东西。这是他几十年来一直保持着的一个好习惯。

其实，何止是事业，生活中也可以每天挤出一点儿时间来，干自己有兴趣的事情，自得其乐，在幸福的疲倦中每天进步一点点，最后收获意想不到的成功。

事实上，平庸之辈和成功人士之间最根本的差距并不是天赋、机遇，而是有没有学习、进步的意识。亨利·布莱斯顿曾经说过："人类拥有如此聪明神奇的东西，如果用来浪费在一些无聊事上，那就太可惜了！"

那么，在具体的生活中，究竟如何才能做到每天不断地学习和提高呢？

首先，可以提前一小时起床，提前一小时上班，让自己提前进入工作状态。提前的这一个小时不会使你感到困倦，相反只能为你带来意想不到的良好效果。

其次，尽量避开浪费时间的活动，比如参加那些专业协会、社区联防队等，你一定要肯定其确有价值而且自己感兴趣才行。不要去参加没有任何意义的会议。即使你在该组织中担任领导职务，也要尽早退出来，否则，那样只会浪费你的时间。

第三，集中注意力，加快思维运转的速度。思考是一个不断进步的过程，它可以被传授、被学会，也可以被实践和发展。

第四，多汲取一些能量。在工作之前，一定要有足够的体力做基础。用餐时注意，午饭不要吃得过饱，否则会使你昏昏欲睡，严重影响下午的工作效率。

最后，要抓紧时间做事情。在最重要的时间内做最重要的事情。研究表明，全神贯注于某种活动90~120分钟后，精力便难以继续集中。这是集中精力工作的最佳时间段，一定要在这一两个小时之内抓紧时间做最重要的事情。

认真是做好小事的前提

不积跬步,无以至千里;不积小流,无以成江海。任何事情都要从小处做起,从细微之处着手。海尔总裁张瑞敏曾经说:"把每一件简单的事做好就是不简单;把每一件平凡的事做好就是不平凡。"

而做好小事的前提就是认真,只有你以一种认真的态度对待小事,你才能把小事做得跟大事一样细致入微。无论你现在身居何处,哪怕是一个不起眼的小岗位,只要坚持自己的理想,努力工作,认真做事,最终就会实现你的理想。而如果你心浮气躁,小事做不好,大事做不了,那么最终你就会成为一个只会纸上谈兵、夸夸其谈,没有任何实干能力的空谈者。

所谓的优秀人才,其实,就是把每一件小事做好,把事情做到位。不要因为自己的工作卑微就马虎对待,只要你能做到精益求精，就是伟大。而在这做小事的过程中，虽然看起来微不足道，但是却潜移默化地锻炼了你很多方面的做事能力，这些能力将为你将来的成功打下基础。下面这个故事就说明了这个道理。

有一位建筑专业的大学生，他的志向是做本行业里最优秀的人，他也认为自己对建筑知识非常精通。

一次暑假回家，他父亲对他说，家中的母狗要生小狗了，缺一个狗窝，让他动手搭建一个。这位大学生一脸不屑地说："这么简单的事，还需要我这个建筑专家亲自动手，真是小题大做。"父亲也很不高兴，说道："有你这个儿子在，还需要老子动手？"

大学生无奈，很不情愿地开始搭建狗窝。他先找来砖、泥等材料，开始动工时才发现，自己根本不知道怎么搭建狗窝。因为书本上只教了如何盖悉尼歌剧院、巴黎埃菲尔铁塔和其他的世界知名建筑，没有教过狗窝怎么盖。他怕别人笑话他无能，白上大学，于是就胡乱弄了一通。两天后狗窝竣工了，父亲看到孩子可以学以致用，非常高兴，让狗也搬进了"新家"。

一天，大学生的小侄子爬上狗窝玩耍，一脚将狗窝踩塌，自己的腿也被摔折了。家里人都暗地埋怨这个"建筑专家"：搭的什么狗窝，中看不中用，豆腐渣工程！

没过几天，母狗生了五只小狗，非常可爱，全家人都很喜欢。不料一天晚上，天降暴雨。清晨，家人开门一看，母狗卧在门边，满身污泥，满目凄然。再向狗窝一看，已成废墟。全家人赶快抢救小狗，但为时已晚，五只可爱的小狗全都被压死。全家人都很悲伤，这个大学生更是悔恨交加，无地自容。

经过这次挫折，大学生大病一场，数日少言寡语。他找来建筑书籍，请教隔壁的瓦匠，潜心研究，终于掌握了搭建狗窝的要领。于是他重新设计、施工、边干边学，耗时半个月，终于又建成了一个全新的狗窝。

暑假结束，大学生返回学校，表现和从前大不一样，再也没有缺课现象。他潜心苦读，科科考试成绩都是优秀。

数年后，故事中的大学生成为国内某建筑集团的董事长，管辖上百家建筑公司，上万名员工，施工项目遍布全国。在他办公室的墙壁上，多年挂着一条横幅，上面赫然写着七个大字：成功从狗窝开始。

于细微之处见精神。很多时候，一个人对待小事的态度反映了他的基本品质和能力，如果你不能认真地对待小事，将小事做好，可见在大事上也不一定就能做到专注一心，没有半点马虎和粗心。因此说，只有在小事上培养出专心致志的做事态度和品质，才能在以后的职业道路中始终保持这种做事习惯。

从小事做起，养成精益求精的习惯，注意每一个细节，这样想不成功都很难。

用精细化来严格要求自己

在某世界著名公司中悬挂着这样一块格言牌：在此地，一切都追求尽善尽美。这里所说的尽善尽美其实就是一种精益求精，严格要求自己的精神。在职场上，如果你做任何事都能严格要求自己，把事情做到尽善尽美，那你的发展和进步自然是指日可待。

很多人喜欢用"我已经尽力了"的借口来为自己工作的不足找借口，其实，只要你尽力，不可能把事情做不好。套用一句广告语那就是：没有最好，只有更好。只有你抱着一种让自己的工作不断完善，不断精细化的精神来严格要求自己，那么你的成就会是显而易见的。在当今商业时代激烈的竞争环境下，做到最好已经成了制约企业乃至个人发展的最大瓶颈。然而，瓶颈总是自己设立的，只要你能够不断地严格要求自己，不断地突破自己，挑战自己，精益求精，做好了依然要求更好，那么你就能在职场中立于不败之地。

下面这个故事就说明了这个道理。

鲍勃·帕瑞斯为罗奇实验室工作的时间超过了30年。当他作为一个销售代表开始在罗奇工作时,他的部门经理说:"五年后,你就不应该还是一个销售代表了,你应该找一个可以担负更多责任的职位。""太棒了,"帕瑞斯回答说,"但如何才能走到那一步呢?我要怎么做才有资格争取一个能担负更大责任的职位呢?"

那个经理回答说:"把你手上的工作做到尽善尽美,利用自己做的事情取得他人的认可。换句话说,你要尽可能地钻研你的业务,使自己变得学识渊博,不断培养自己的工作能力和技巧。"他建议帕瑞斯为自己设定一个目标,确切地规划出他想要钻研的事情,然后再走出去开始着手进行。一定要有一个钻研计划,要尽可能多地钻研与工作有关的事情。

经理的建议的确很有道理,我们也可以拿来借鉴。

对每个人而言,假设你想当一名经理,你可以读一些有关管理方面的书,也可以参加一个管理培训班。你可以观察你自己的经理,同他一起工作几天,以便能找出那些你要成为一名尽善尽美的经理所需要的技能。一旦你有了一个计划,并让自己的计划尽可能地完备和精细，然后让自己朝着计划的目标不断钻研，你会惊奇地发现，自己能多么迅速地完成升职所需要做的所有事情。无论你的工作是什么，面包师、职业运动员或者是一个商人，你都会为自己在某种程度上对这份工作的精通而感到自豪。要想更出色，你就不能安于和别人一样，一定要真正做到尽善尽美。

在工作中，事无大小，每做一事总要竭尽心力求其完美，这是成功者的一种标记。凡是有所作为的人，都是那些做事不肯安于"尚可"或"近似"而必求尽善尽美的人。

把自己的工作做到尽善尽美的精神，可以说是一切成功者的特征。伟大、成功的人们之所以出色，就在于他们勤于钻研，做事时用心细致、明察秋毫。

成功是一架公正的天平，它会给予每一个人机会，关键要看你如何把握它。

欧阳修是我国古代文学大师，人们看到的只是他流传千古的文章，其实在他成功的背后还有许多鲜为人知的故事。

欧阳修年少的时候，家境贫寒，学习得靠借书来抄，然后背诵。有一次，他在一个朋友的家中看到六卷韩愈的文集，欧阳修马上对这部书爱不释手，于是就恳求人家将这部书借给他回家去读。朋友同意了他的请求。

欧阳修如获至宝地将那部书捧回家中,连夜秉烛夜读,发现书中精彩的篇章就抄下来吟诵,直到倒背如流为止。欧阳修不仅善于向古人学习,而且还善于利用零星的时间写作。他对他的朋友说:"我的文章,多数是利用'三上'进行构思,打好腹稿的。'三上',就是马上、枕上、厕上。"欧阳修的写作态度十分严肃,每写完一篇文章,便把它贴在卧室的墙上,随时看,随时修改,直改到自己满意了才肯拿出去。

欧阳修老年的时候已经名满天下。这个时候他对从前的文章有了新的认识,于是,他又拿出以前写的文章一篇篇修改,废寝忘食,非常辛苦。他的妻子劝他说:"你为什么这样自讨苦吃?又不是小学生,难道还怕先生生气吗?"欧阳修听了很认真地说:"不是怕先生生气,而是怕后生笑话啊!"

欧阳修通过惜时如金的刻苦,精益求精的努力,终于成为后人称颂的"唐宋八大家"之一。

卡耐基说,不要害怕把精力投入到似乎很不显眼的工作上。每当你完成这样一件小工作,它就会使你变得更强大。如果你把这些小工作做好,大的工作往往自己就迎刃而解了。而如果你总以一种差不多就行了的态度做事,不把事情做到精细,力求精益求精,那么你的能力和水平也就会停在一个层次上难以再提高。

一个强者的强大不在于他现在的能力有多强,而在于他的学习和进步的能力。如果一个人有点成就就骄傲自满，故步自封。那么，他再强大也只是暂时的，他终究会被人所超越。

在一个成功者的眼中，永远是只有更好，没有最好，只有这样严格要求自己，才能让自己在成功的道路上不断前进。

方法总比困难多,不要固守死理

在着手进行一项工作时,无论你了多少准备,有一点是不容置疑的:当你进行新的尝试时,你不可避免地要犯错误。不管是谁,在继续追求更高理想的过程中都难免失败。但失败并非罪过,重要的是从中吸取教训。

在这个世界上,充满了成功的机遇,也充满了失败的可能。只有不断提高自身应付挫折与干扰的能力,调整自己,增强社会适应力,坚信成功在失败之中,才能兵来将挡,水来土掩。如果在每次失败之后都能有所"领悟",把每一次失败作为成功的前奏,那么就能化消极为积极,变自卑为自信,失败就能领你进入一个新境界。

你要明白,困难肯定无处不在,但解决困难的方法也不是没有,只要你肯积极动脑,找出解决的办法。每个人都不要在做事的过程中一遇到困难就停止不前,针对问题找出最佳对策才是上上策。

毕竟,方法总比困难多,要动脑子找出一个最妙的方法去解决问题,不要停留于困难的表面止步不前,也不要死守着一种方法不知变通。这就如同拿钥匙开锁一样,我们所遇到的问题往往没有现成的"钥匙"可找,在紧急时刻,我们需要的不是墨守成规的钥匙,而是灵机一动,使出粉碎障碍的"重头拳"。

当海湾战争打响的时候,美日矛盾激化,杰恩作为日本凌志汽车在美国加州的销售代理,清楚地认识到,由于这场战争,美国人可能不再购买凌志汽车。杰恩分析到,如果人们因为战争和社会稳定问题,不来参观凌志汽车的车型的话,那他肯定会失去工作。

在这种情况下,杰恩放弃了销售人员惯用的做法——在报纸和广播上做大量的广告,等着人们来下订单。他是个销售能力很强的人,他分析了一下当时问题的关键,列出了若干条可以实现的办法,最后确定了其中最妙的一个手段,作为改变销售形势的策略。

在会议报告上,杰恩说:假设你开过一辆新车,然后再回到自己的老车里,你会感觉到你的老车怎么突然之间有了那么多让你不满意的地方。或许之前你还可以忍受老车的诸多缺点,但是忽然之间，你知道了还有更好的享受，你会不会决定去买辆更好的车呢？

会后，杰恩立刻落实他所想到的那个新对策。他吩咐若干销售员到户外工作，让他们各自开着一辆凌志新车，到富人常出没的地方——乡村俱乐部、码头、马球场、比佛利山和韦斯特莱克的聚会地等，然后邀请这些人坐到崭新的凌志车里兜风。这些富人享受完新车的美妙以后，再坐回到自己的旧车里面，就会听到他们的抱怨声。于是，相当多的人都购买或租了新凌志车，公司的生意日渐红火起来。

杰恩的案例说明了一个道理：克服困难的方法有很多种，但凡事都有解决的窍门，只要肯动脑子，对症下药，就能将其解决。

任何事情都有规律和技巧，聪明人懂得用最好的办法，花最少的力气，最出色地完成任务。如果觉得方法不合适，就要及时修正，或者干脆寻找其他途径。

可口可乐公司在开业头一年，仅售出400罐可乐。第二年，你觉得他们还会按照原来的策略继续经营吗？难道弗兰克·伍尔沃斯在头三家连锁店相继破产后还会继续坚持原来的经营方法？难道一支球队在输了球后，会毫不犹豫地继续在下一场比赛中使用同样的战术？

毫无疑问，你要具备坚韧这一品质。但是千万不要以为，不动脑筋，只认死理，凡事一条道走到黑就算是坚韧。坚韧要求我们为了实现目标而付出不懈的努力，但同时也要求我们开动脑筋。

要知道，出现暂时的不顺可能有各种原因，未必一定是方法的问题。但聪明人肯定不会在屡次碰壁后，仍然使用同样的方法。如果你不肯反省自己没能顺利完成任务的原因在哪里，始终固执地坚持己见，那只能再次碰壁。

我们说，坚韧是必须具备的品质，但最重要的能力是思考的能力，也就是运用自己的智力去实现目标的能力。多想想，怎样改进才可以做得更好。这样才会顺利地完成工作，迅速地脱颖而出。

第五章 瞎忙不如巧忙

停止挥霍，收回被浪费的时间

磨蹭拖延的习惯，其实我们每个人或多或少的都有，早晨赖在温暖的被窝中不愿起床，写报告的时候悠闲地喝上一杯咖啡，工作的时候时不时地和身边的同事讨论一下家长里短，作策划之前对着电脑发发呆。诸如此类的事情，我们昨天做过，今天正在做，明天将要做，我们觉得这是"劳逸结合"，我们觉得这点儿时间自己"耽搁得起"。

然而，我们真的耽搁得起吗？

一天二十四小时，除去吃饭、睡觉，我们还剩多少时间？朝九晚五八小时，我们真正用在工作上的时间有多少？

调查显示，日常生活中，大多数人对时间的利用率极低，尤其是工作清闲、没有压力的部分上班族，生活中的无效时间更是有效时间的好几倍，这样的状况委实引人深思、令人担忧。

番茄时间工作法

事实上，浪费时间，时间的无效利用，从来都不是几个人或少部分人的问题，而是绝大多数人的问题，正如，绝大多数人都或多或少的有着拖延症一样。

也正是因为如此，时间管理这些年来一直都是人类世界永恒不衰的热门话题。GTD时间管理法更是备受人们的追捧。

1992年，弗朗西斯科·西里洛以GTD为参考，创造出了一种更细致更微观的时间管理方法——番茄时间工作法。

时间工作法，听上去好严肃好复杂的字眼，但番茄时间工作法操作起来却相当的简单：

第一步，做出一张计划表，将一日内要完成的任务按照重要程度和紧急程度列出来。当然了，这张表，最好头天晚上做。

第二步，选择计划表上的第一个任务。

第三步，找来一个番茄定时器，将时间设定为二十五分钟。当然了，如果你不喜欢番茄型的定时器，也可以根据自己的喜好或实际情况选用其他定时设备，如闹钟，如定时软件等等。

第三步，开始专注的完成第一个任务。记住，要专注，最好不要做任何与任务无关的事情，直到你的番茄钟响起。

第四步，在第一个任务后面画上一个X，或者你喜欢的惯用的任何与X有着相同标记作用的符号。

第五步，休息五分钟。

如是，一个完整的番茄钟就完成了。

成为番茄大户，收回被浪费的时间

1983年，"蜘蛛人"伯森·汉姆徒手攀登纽约帝国大厦，震惊世界，但更令世界震惊的是，伯森·汉姆是一个恐高症患者。

"我恐惧300米高的帝国大厦，但我不恐惧一步"当被问及成功的秘诀时，伯森·汉姆这样说。

伯森·汉姆战胜了无数个"一步"，所以，它站在了帝国大厦的巅峰。我们呢？我们又能不能战胜自己的"一步"——一个番茄钟，攀登上我们的"帝国大厦"——完成一天的计划表？

晓红就是一个拖延症患者，拖延的魔咒时时刻刻都在影响着她的生活，她为自己无法有效利用时间而无限的懊恼，她的朋友向她推荐了番茄时间工作法。

晓红抱着试一试的心态开始了尝试。她将工作八小时划分成了四个番茄钟，每两个小时算一个。在第一个番茄钟开始之后，她开始了第一个任务，半个小时后，她感到厌烦，一个小时后，她焦躁不安，再也做不下去，一小时十五分钟的时候，她接到一个同学的电话，两个小时后，当番茄钟响起的时候，晓红还在接电话。

显而易见，晓红的尝试失败了！

为什么？是番茄时间工作法不灵吗？不！实际上，晓红之所以失败，是她犯了几个错误。

再好吃的东西一旦吃多了、天天吃，也会让人厌烦，工作也一样，25分钟内集中精力做一件事并不太难，但一旦这个时间超过一小时，人们就难免感到不耐或厌烦。所以，番茄钟的时间虽然可以自我决定，但还是不要过长的好。

电话、邮件、访客，工作中被打扰是难以避免的，但我们却能将这种干扰降到最低，若我们自己也"沉浸"了进去，即便番茄钟是万能的，也不太可能起到什么好的效果。

另外，初次使用番茄工作法，一个番茄钟内无法完成预定任务其实是很正常的，毕竟我们的计划表还不够合理，我们对自己的执行力认知的还不够清晰。尝试的次数多了，根据实际情况不断进行自我调整，这种情况就会好很多。

时间管理的方法有很多，番茄时间工作法只是其中之一，所谓众口难调，不可能所有人都喜欢它，它也不可能对所有人都有效，然而，不管怎么说，对身为拖延者的我们，"种种番茄"都是最有益的尝试，不是吗？

做最应该做的事情

工业生产所需要解决的最大难题是：如何在花费最小的情况下，取得最多的收益，并将机械的消耗和磨损降到最低。类似地，同样的问题也被各行各业的人所面临，人们苦苦寻觅用最小投入得到最大产出的良方。然而，如何在自身实现这一目标却被多数人忽视。

不如意的人在各行各业中都能找到，他们没有实现自己的有效支出，未能使自身的力量最大化地发挥，最应该做的事情反倒没有做。

许多人的生活一直是枯燥和无趣的，他们原本有能力做大事，现实中却在干着零碎细小的事。这是因为他们缺乏足够的向前行进的活力，他们被前方路途的障碍困住了。

作家不能让读者关注他们是因为他们的思想贫乏空洞。他们的作品毫无生气，不能引起他人的兴趣。导致这一现象的原因是，在写作的过程中，他们并没有真正地投入自己的兴趣。作品的活力和生命的缺失，是因为它的创作者自身缺乏活力。牧师不能使信徒对其关注，是因为他们的布告不吸引人。教师不能激发起学生的灵感和学习兴趣，是因为他们本身就不具备活力和热情。

无论从事何种行业，若是人缺少活力，在工作中缺少热情与激情，那么这是非常令人遗憾的。他们不断努力想让自己的热情被激发出来，却毫无成效。

在很多人的意识中，认为勤奋就能创造出伟大的成就。他们认为只要努力付出了，就一定会有所成就，这是一个非常错误的认识。一个人所取得的成就取决于他的工作成效。在处于压力和紧张的状态中时，常常会出现用脑过度的情况。大脑应该在主动的状态下工作，只有处于自然和自发状态时，它才能最有效地工作。

在大脑达到最佳状态的前提下，最好的成果才会被创造。很多人在状态不佳时，往往使用各种强制办法来使大脑工作，事实上这种做法会产生极低的工作效率。只有处于轻松、愉悦的状态时，人的思维才能够得到激发，从而实现大脑的清醒和充满活力。

在将9小时的工作制改成8小时，这一缩短工作时间的做法遭到了绝大多数商人的反对。他们担心，这种做法会使他们的每位雇员的日生产量减少1/9。事实上，这一结果并没有出现。相反，因为这一做法的实施，每位雇员都变得越发有精力，也更有工作的热情，他们的工作效率提高了很多。

雇员因为不必工作到很晚，而避免了精力的过度消耗，从而更有兴趣工作，变得富有活力。若是你认为，更长时间的工作，使自己的身心都疲惫不堪，要比轻松状态下少一些时间工作要更好的话，这是一个错误的想法。在缺少休息和睡眠的情况下，大脑不能有效地工作，这样的状态，即使是有如拿破仑般刚毅的意志，也是很难有成效的。过度疲劳会致使人的血细胞、脑细胞以及神经细胞变得迟缓，而长时间的思想冷漠又会致使人的意志消沉。

在生活中，有许许多多的人，他们不但将现有的精力消耗了，还一定程度上耗损了自身的储备力量。他们的最终结局会是思想崩溃。

处于这样的情形下，导致人在开始一天的工作时，会如一匹未吃饱、休息不足的马儿上路时的表现一样，毫无活力。若是将一匹马放在没有光亮的封闭环境中，每天只供给它一半食物，它的能力会在很短时间内减半。若是你也受到类似的对待，发生在你身上的情况，不会和这匹马的结局有太大的差别。

当被问到成功的秘诀时，神学博士贝拉米会这样说："以充沛的精力对待，孩子。"若是一味地只知道消耗精力而不对其进行填充，总有一天精力会消耗殆尽。一些人有着这样的想法，即使不供给自己适当的营养、睡眠，过着毫无规律的生活，他们的身体也依然会保持健康，并会有所作为。他们并不懂得与生意比较，生命更加重要，因为他们眼中能看到的只有成功。当然可能会存在特殊的情况，但是通常来讲，一个可以信赖的结论是：成功是以健康的身体做保障的。

在你将自己的精力都用在做一些无谓的事情后，当你等待的机会光临时，你就只能看它白白溜走。或者在机会来临时，你犹豫不决、瞻前顾后，最终使自己的信心和活力丧失，如此的经历发生在谁身上，都是令人惋惜的。

若是你想让自己处于最佳的状态，你就要避免对自身精力的浪费。不要培养自己的坏习惯，也不要将自己的精力耗费掉，致使自己丧失活力，任何浪费精力的事情都不要去做，同时还要远离那些可能阻碍你发展的所有东西。要经常这样问自己："我即将要做的事是否能使我的生命更有价值，是否会利于我的发展，是否有助于我最佳状态的保持？"

许许多多的人们都在不断地与自己进行着斗争，我们的最大敌人就是自己。我们满怀希望地去追逐，却没有意识到也要使自身的身体状态达到满足希望的状态。我们的表现常常不是太放纵，就是放不开。

相比进行的其他各种投资，对自我的投资是获利最多的一个。因此我们要使自身处于健康的状况中，对工作和生活的良好习惯进行培养。这一目标的实现的最佳办法是，将手头的工作停下来，用一部分时间来运动和休息。

火车头需要的不仅仅是被填充适当的燃料，适当的休息也是必需的。若是在运动的间隙得不到一定的休息，它的部分部件就会受到磨损。火车在每运行一段时间后，它的各个部件便会变得松动，这时便需要对其进行定期的休整。若是在工作了很长时间后，仍未能得到休整，它的运作就会出现异常。同样，在饱受了各种压力的压迫后，人的大脑也需要适当的休息和定期的调整。

为了实现大脑的平衡和稳定，以及对开放的思想进行保持，定期的运动和休息是必要的，这种做法能够给我们的工作带来必需的补充。那些视所有时间都很宝贵，一味工作，而不花时间去休息、看朋友、旅行和娱乐的人，其目标通常很难实现。

保持精力、活力和耐力，是完成伟大事业的前提。如何使精力得到恢复，这是任何一个想要获得巨大成功的人所必须知道的。疲惫的思想需要新的灵感，这是一定的休息能给予的。若是你的思想已经十分劳累，你就应该停下手上的工作，去乡村放松一下，使其重新获得活力。人的大脑会在新的环境和行为方式的作用下产生新的活力。

每个人都会有过这样一个经历：结束一天的忙碌后，我们疲惫不堪、无精打采，这时最应该做的就是使心情平复下来，参加到孩子的游戏中，或是跟老同学或者是一位久未见面的朋友共同度过一个欢乐的夜晚，我们的压力就会得到缓解。

我们的休息不应该是被动的，而应该是积极主动地对其进行安排，如此才能使我们的体力和精力从压力的压迫下解脱出来。

在一些人的意识里，适当的休闲和娱乐不会对成功起到任何积极作用，其实有这样想法的大多都是失败者或是胆小者。人们会因为健康向上的休闲和娱乐而获得新的活力和灵感，你的时间除了工作，还必须分给它们一部分，不然你的身体和工作将会受到损害或阻碍。那些整日工作而不懂休息的人，最终会精神崩溃，最好的情况也是变得呆滞、迟钝和狭隘。逐渐地，他们的社交机能会退化，结果是他们只会每天机械式地做着自己的商业运作，而不懂去享受其他任何东西。他们也只给别人留下了呆板无趣的印象。

总之，无论你的工作是什么，力量的储备都是必需的，具备了它们你才能够获得成功，也因为它们充满毅力。要知道，在缺失健康的情况下，财富、荣誉和成功等等这一切都将因为不能享受，而变得毫无意义。我们的健康需要规律的生活做保障。有许多人为了追求百万的财富，而牺牲掉了自己的健康。在成为百万富翁后，他们发现即便是自己愿意用拥有的万贯家财来换回自己的健康，也是不可能的了。

设定完成目标的时限

坐在乌压压的大礼堂中,听着校长让人昏昏欲睡的长篇大论,你是不是不止一次感叹:时间过得可真慢?

啃着苹果,悠闲地坐在电脑边,和自己最爱的人你侬我侬聊着天,你是不是总觉得:时间过得太快了?

事实上,诸如此类的经历我们每个人都有,当我们做自己喜欢做的事情时,很容易沉浸其中,感觉不到时间的流逝,不知不觉就度过一上午甚至是一天,好像时间被"缩短"了;而当我们去做自己不喜欢甚至厌烦的事情时,却总度秒如年,眼睁睁地看着时间如蜗牛般蠕动,仿佛永远都不会向前,时间一下子就被"拉长"了。

然而,一年三百六十天,一天二十四小时,一个小时六十分钟,一分钟六十秒,这是地球给我们制定的规则,是客观规律,并不以我们的意志为转移。时间对每个人都是公平的，不会为谁"缩短"，也不会为谁"拉长"。我们之所以会有"缩短"或"拉长"的感觉，不过是我们的思想在作祟。

钟表上的时间永远都不偏不倚，是客观时间，而我们自己感受的时间，则因为个人想法的差异而千差万别，是主观时间。

严格意义上来说，主观时间和客观时间并不是完全对立的，两者之间可以做到和谐统一，然而真正做到的人，其实极少。

很多时候，我们自己的主观时间都会与客观时间发生冲突，如此一来，拖延便产生了！

迷失在时间的漩涡中，对任何人来说都是一件可怕的事情，由迷失而引发的拖延，更被我们深恶痛绝，那么，好吧，我们为什么不给自己设定一个时间极限，这是预防拖延最可靠的方法，因为，这个极限会每时每刻都提醒我们，时间很客观，时间是有限的。

对于娜娜来说，每天早上能多睡十分钟就是一种享受，不管是美味的早餐还是精致的妆容，跟与周公约会比起来，杀伤力近乎零。每天闹钟响后娜娜总是在第一时间把它按掉，抓紧时间再眯一会，然后在心里安慰自己：再睡5分钟，一会把早餐带着路上吃就好了。偏偏闹钟很执着，过了5分钟又开始叫，这次的命运还是被按掉，因为娜娜觉得一会儿化妆的时候快一点就OK了。等到闹钟再一次响起，不能再睡了！娜娜猛地惊醒，匆匆套上衣服，趿着鞋就去洗漱，一看表，化妆的时间也不多了，只好马马虎虎涂抹几下就出门了。

匆匆赶到车站，却发现自己要坐的车刚刚驶出站台，娜娜在穿着高跟鞋在后面追了一段，可是最终司机也没有对她这个美女怜香惜玉，把车开走了，娜娜愤愤地把司机的亲人们问候了一遍，却也只能眼睁睁地看着车走远，无可奈何，只好等待下一趟车。结果过了十几分钟车还没有来，也不知道是堵车了还是车坏了。

眼看着要迟到了，娜娜只好打车去公司了，但是打车也不是坐飞机，该怎么堵还怎么堵，到单位的时候迟到了几分钟。

本来娜娜想偷偷溜进去就算了，不过不知道为什么今天这么倒霉，刚好被主管逮了个正着。主管可能是心情不好，脸阴的都能捏出水来，正赶上娜娜迟到，马上狠狠地把她批了一通，并决定杀鸡儆猴，扣除娜娜当月的奖金。

如果娜娜给自己设定一个时间极限，到了什么时候必须做什么事，事情完全会变个模样。而在我们的生活中，也可以给自己设定时间极限。

或许，我们无法在自己设定的时间内完成任务，没有关系，我们可以再给自己一个新的两小时，但切记，当新的两小时开始之前，旧的两小时不容暂停也不容延长，除非你放弃！

当然了，有一点不得不特别强调，那就是我们给自己设定的时间极限必须合理，必须符合自己的实际情况。如果你想要写一篇论文，给自己的时间是十分钟，那么除了请教百度，你根本就没有任何可能完成，不是吗？

有的时候，给自己的时间加一把锁并没有什么不好，因为这把锁，不仅锁住了我们的时间，更锁住了我们拖延的恶习！

第一次就把事情做好

有位广告经理曾经犯过这样一个错误,由于完成任务的时间比较紧,在审核广告公司回传的样稿时不仔细,在发布的广告中弄错了一个电话号码——服务部的电话号码被他们打错了一个。就是这么一个小小的错误,给公司造成了一系列的麻烦和损失。

在工作中,我们平时最经常说到或听到的一句话是:"我很忙,我有很多事情要做。"是的,在上面的案例中,那位广告经理忙了大半天才把错误的问题料理清楚,耽误的其他工作不得不靠加班来弥补。与此同时,还让领导和其他部门的数位同仁和他一起忙了好几天。如果不是因为一连串偶然的因素使他纠正了这个错误,造成的损失必将进一步扩大。

平时,当我们做事情有点心力交瘁的时候,我们是否考虑过这种"忙"的必要性和有效性呢?假如在审核样稿的时候那位广告经理能稍微认真一点，还会这么忙乱吗？

"第一次就把事情做好"，是前人的经验教训，不过，要达到这句话的要求并非易事。

我们在做事的时候往往不够认真，总觉得时间有的是，机遇有的是，大不了重新再来。其实，这样的想法是很不对的。成功者和失败者的差别就在于，前者从不给自己回旋的余地，从不给自己偷懒的借口，要做就做到最好，绝不在试错的过程中浪费人生宝贵的机遇。

汤姆·布兰德20岁进入汽车厂的时候，就想在这个地方成就一番事业，但是和其他年轻人不一样的是，他不仅抱着学习的态度工作，更抱着检验自己的态度而工作。他常常想，如果每一个工人在负责自己工作的时候，都能以最严格的要求来管束自己，不仅一次做好，更要一次做到最好，那么工厂的生产流程会顺畅许多，质量也会精益求精。所以，无论是曾经接触过的流程，还是新的项目，他都会在做之前认真地向有经验的工人请教，争取一次做好，绝不返工。

就这样，他从最基层的工作干起，在几年的时间里，先后在工厂几乎每个部门都工作过一遍。这一方面说明了他积极主动，肯于吃苦耐劳。更关键的是，他做什么事情几乎都能"一次做好"。

汤姆在基层一待就是五年，他父亲对儿子的举动十分不解，他质问汤姆："你工作已经五年了，总是做些焊接、刷漆、制造零件的小事，恐怕会耽误前途吧。"

"爸爸，你不明白。"汤姆笑着说，"我并不急于当某一部门的小工头。我以整个工厂为工作的目标，所以必须花点时间了解整个工作流程。我是把现有的时间做最有价值的利用，我要学的不仅仅是一个汽车椅垫如何做，而是整辆汽车是如何制造的。更重要的是，在这些平凡的小事上面，更能考验我的耐力、能力以及潜力。每一次我都会要求自己一次做好，并且做到最好。这样，在日复一日做小事的锻炼上，我才能练就扎实的基本功。"

当汤姆晋升到管理岗位上时，他的下属们在汤姆甘于做小事，并且什么事都力争一次做好、绝不留下隐患、绝不拖延的工作风格的熏陶下，也愈加严格要求自己，再加上汤姆作为管理者的严格要求，次品率下降，产品质量不断提升，工厂欣欣向荣。

是技术上改进了吗？是引进了先进的设备吗？都不是。原因就在于每一个人，如果他们都能严格要求自己，一次做到最好，绝不留有返工、从来的机会，那么效率自然就提高了，质量也提升许多。成功者做事情只在乎"一次做好"，无论是具有挑战性的大任务还是日常工作中的小细节，事无巨细，态度一致。因为他们懂得，只有一次做好，才能避免回头弥补过去的失误，才能轻松上阵，一往无前。

第一次就把事情做好如此重要，可是，在现实生活中，却很少有人能做到这一点。究其原因，不是不知道要"第一次把事情做对"这个要求，而是对如何做到这个要求不甚了解。那么，我们怎样做才能一次做好呢？

首先，是态度问题。我们都明白"第一次把事情做对"的重要性与必要性，但另一句"人非圣贤，孰能无过"的论调比它更早一步地在思想里扎了根。每当开始着手一个新挑战，脑海中就会不由自主地浮现出"没关系，第一次做，错了也是正常的""谁会在乎这个呢"等等侥幸心理。所以说，态度决定一切，只有在抱定自己有能力第一次就把事情都做对的前提下，才能有"对"的行动被实施。

所以不妨试试心理暗示的方法，在以后每次开始大大小小的新事情时，就试着对自己默念"我可以一次就把事情做对"，以此来端正自己的态度。而这种长期的心理暗示也恰恰可以帮助解决第二个问题——习惯问题。

其实，是习惯问题。个人习惯是长期行动的一个惯性表现，只有长期的将每一件事情都在第一次就做对，才能说自己养成了这个好习惯。

而纠正一个人的习惯是很痛苦的一件事，但并不是不能实现，这就好像条件反射，若每开始一件事情，我们脑中都能浮现"我可以一次就把事情做对"这句话，甚至到最后直接用行动而不是话语来实现这个理念，那么我们也就养成了这个良好的习惯且不觉得痛苦了。

　　第一次就把事情做对是追求精益求精的一种工作态度。如果每个人都能恪守这一格言，其自身素质不知要提高多少。所以，无论做什么事，都要尽善尽美地努力，以求得至美的结果，它不仅能提高工作效率和工作质量，而且能够树立起一种高尚的人格。这是一句令人心生感触的话，值得每个人终生铭记。

远离穷忙、瞎忙的陷阱

现在大家见面的第一句话往往是:"最近怎么样啊?忙不忙?"很多时候回答是这样的:"呵呵,忙啊,就是瞎忙。"

是的,看起来大家的确都挺忙的,看看每天早上地铁站人们匆忙的脚步就知道一二了。这是一个快节奏的社会,人人都在为自己的目标也好,生存也罢,而在奔波劳碌着。

然而忙归忙,真要问起具体忙了什么,能说得清楚的人还真不多。这正说明现在很多人正处于一种瞎忙的状态,往往注重了工作的数量而有意无意地忽略了工作的质量。这种穷忙、瞎忙的状态也说明了工作的盲目性。

没有明确的目标,这样下去,实际上是一种毫无意义的堆积,可能根本就不会达到自己的预期目标,即使能达到也会走很多弯路。跟穷忙、瞎忙说"拜拜",就是要追求一种高效率的做事方法,而不要一味追求时间的保证和数量的堆积。下面这个故事就是一个很好的例子。

小李和小张同在一家公司的技术部门工作,两人的学历、技术水平都差不多。有一次,老板给了他们难度相当的两个项目,要求在一个月之内拿出方案来。其间,小李表现得相当卖力,几乎每天都是第一个来到公司,最后一个离开。而小张则表现得轻松得多,每天按时上下班,并没有任何不同于往日的忙碌。但是,最终的结果却出人意料,小李的方案没有得到老板的肯定,而小张的方案却顺利通过了。

在后来与同事的沟通中,小李道出了其中的原委。他每天是很忙碌,但是很多时候,并不知道忙碌的目的是什么,自己的努力没有什么针对性,时间保证了,却没有得到相应的结果。这就是效率方面出了问题。而小张则不同,他把整个工作分成几块,每天集中精力完成自己的计划,每天都能看到自己的工作在一步一步地进行着,这样的高效率自然会得到高质量的结果。

正因为小张注重了效率,保证自己的每一步工作都不是穷忙、瞎忙,才在同样的时间内完成了高质量的工作。

然而,能够做到高效率的人并不是很多,有很多人的工作就是在时间的流逝中做着毫无意义的堆积。这样的后果是,你会慢慢地失去对工作的热情,工作会成为你的负担,而不会有任何乐趣可言。久而久之,你的自信也会慢慢溜走。

形成高效工作的思维,会让你的工作变得简单,而且有乐趣。把自己的工作进行有计划的分割,不要把努力浪费在与自己的工作目标无关的地方。长此以往,你会发现,在通往成功的路上充满了乐趣,自己也会变得越来越自信。

在实际工作中,我们要注重的是有效的工作。不能总是计算自己做了多少工作,而要计算做了多少有效的工作,即做了多少能获得收益的工作。毫无结果的工作只是一个浪费人力和财力的过程,是得不到别人的肯定的。下面这个故事同样说明了这个道理:

在圣安尼奥马刺队和新泽西网队的一场篮球比赛中,双方在场上的火药味很浓。本来马刺队是一只伟大的球队,不过这场比赛他们发挥得并不理想。

比赛从第二节开始,马刺队就好像失去了开场时的耐心,他们每次进攻都仓促地在十几秒内完成(一次进攻的时限是24秒)。仓促出手之后球总是和篮筐差得很远。

即使马刺队拼命地抢下篮板球,但有效的进攻依然组织不起来。而网队则打得有条不紊,运球、妙传、过人、投篮,球又进了。到第四节结束时,网队98比87取得了全场胜利。

赛后的技术统计显示,马刺队比网队多组织了25次进攻,而命中率则是对方的64%，也就是说有近一半的进攻是毫无成效的。这是他们失利的最主要原因。

实际上，我们为实现自己的梦想所做的事情不正是像组织一次次进攻吗？我们花时间和精力在上面，目标就是完成进攻，实现得分。如果光注意高效率，把有效性扔在脑后，那么效益何来？我们需要的不是简单地去完成任务，而是要把工作做到点上，让我们每一次的辛苦努力都没有白费。

要明白，不注重有效性的工作是毫无效率的工作。

那么，怎样才能提高我们的工作效率呢？

首先，要自我总结并向"高效能"人士学习。不要盲目地低头傻干，至少在每月做一个工作总结，看看本月的工作量和工作效率是否达到了自己的预期目标，看看周围同样忙碌的同事，是否比自己在相同的时间里完成了更多的业绩。通过了解自己的缺点和优点，做好下一个月的工作计划，争取在下一个工作阶段获得更高的效率，取得更大的成绩。

另外，跟穷忙、瞎忙说"拜拜"，关键在于形成良好的习惯。要注重质量而不是一味追求数量，逐渐形成追求高效能工作的思维之后，你会发现自己比原来轻松了很多，但是收获却比原来更多。

既要努力工作，更要聪明执行

人们常常自觉不自觉地为自己戴上很多枷锁，以至于常常不能用最简单有效的方式做事。比如，在努力的过程中，常常用"我只能这样做"这样一个假面遮挡自己。实际上，只要动动脑筋，更好的方法总会有的。

一个在工作中知道开动脑筋的人，往往是工作最有效率的人。他们虽然表面上看起来并不像有些人那样努力和勤奋，然而他们完成的工作却总是比那些只会埋头苦干的人多，这就是手、脑结合的效果。

在职场中，老板往往会器重这些会开动脑筋的人。因为，在当今的时代，商业竞争是如此激烈，商业机会往往稍纵即逝，而只有这些聪明的人能够看到其中的机会并很好地把握，给公司和老板创造出巨大的价值。所以，聪明的人往往是公司的骄子，是老板的宠儿。

下面我们就来看一个聪明人的故事——

迈尔顿16岁的时候,在暑假将临之际,他对爸爸说:"爸爸,我不要整个夏天都向你伸手要钱,我要找个工作。"

父亲高兴地对迈尔顿说:"好啊,迈尔顿,我会想办法给你找个工作,但是恐怕不容易——现在正是人浮于事的时候。"

"您没有弄清我的意思,我并不是要您给我找个工作,我要自己来找。还有,请不要那么消极。虽然现在人浮于事,我还是可以找个工作的。有些人总是可以找到工作的。"

"哪些人?"父亲带着怀疑问。

"那些会动脑筋的人。"儿子回答说。

迈尔顿在广告栏上仔细寻找,找到了一个很适合他专长的工作,广告上说找工作的人要在第二天早上8点钟到达42街一个地方。迈尔顿并没有等到8点钟,而在7点45分钟就到了那儿。他看到有20个男孩排在那里,准备抢先去求见,而他是队伍中的第21名。

怎样才能引起特别注意,让竞争获得成功呢?这是他的问题,他应该怎样处理这个问题?根据迈尔顿所说,只有一件事可做,那就是动脑筋思考——在真正思考的时候,总是会想出办法的。

迈尔顿就想出了一个办法。他拿出一张纸,在上面写了一些字，然后折得整整齐齐，走向秘书小姐，恭敬地对她说："小姐，请您马上把这张纸条转交给您的老板，这非常重要。"

秘书小姐很会看人，如果迈尔顿是个普通的男孩，她就可能会说："算了吧。小伙子。你回到队伍的第21个位子上等吧。"但他不是普通的男孩，她的直觉认为，他散发出一种高级职员的气质，于是便把纸条收下。

"好啊！"她说："让我来看看这张纸条。她看了不禁微笑了起来。她立刻站起来，走进老板的办公室，把纸条放在老板的桌上。老板看了也大声笑了起来，因为纸条上写着："先生：我排在队伍中第21位，在你没有看到我之前，请不要做决定。"

迈尔顿最终得到了工作。

的确，努力也要讲究方法，把动脑和勤奋结合起来，知道怎样努力才能取得最佳效果，就像我们常说的工欲善其事，必先利其器。只有方法正确，做起事来才会事半功倍，而单纯地埋头苦干，工作则难见起色。

上面故事中的迈尔顿之所以能够获得老板的赏识，也就是因为他有一种开动脑筋的，聪明做事的品质，老板看中的也正是这一点。其实，很多时候只要你能开动脑筋，往往就能掌握别人都看不到的巨大的机会，从而创造出常人看来不可能的奇迹。下面就是一个用聪明才智来创造奇迹的故事。

一百多年前，美国加州因发现金矿而吸引了大批淘金者加盟，犹太人莱维·施特劳斯也是这批淘金者之一。然而在淘金的过程中，他却每天以失望告终。

一天，莱维和一位疲惫不堪的矿工坐在一起休息，这位矿工抱怨说："唉，我们一整天拼命地挖啊挖，裤子破了也顾不上补。这鬼地方裤子破得特别快。"

莱维眼前一亮，帆布不正是耐磨的布料吗？于是他开始想办法解决这一问题，不久，第一条牛仔裤的前身——工装裤就这样诞生了，并从加州迅速推向全国乃至全世界，莱维也由当初的贫困淘金者一跃而变成"牛仔裤大王"。

其实，在一起打工的人有很多，然而却只有莱维一个人发现了裤子容易破，这个现象其实包含着一个巨大的商机，并通过自己的才智将这个商机好好地利用了，从而创造出了"牛仔裤大王"的奇迹。这便是埋头苦干跟聪明做事的区别所在。

聪明的人往往能在埋头赶车的同时，不时地抬头看路，思考自己的做事方式和方法，这样他便不会错过任何的机会，还会让自己的工作起到事半功倍的效果；而只会一味苦干的人，则总是在忙忙碌碌，最终的结果便是自己身心俱疲，却发现永远走在别人的后面。因此，我们需要努力工作，但更需要聪明做事。

掌握拆分之法，将复杂的工作简单化

同一件事情，让不同的人去做，有的人能在很短的时间内，用很简单的方法就完成任务；有的人则借助各种工具，借鉴各种资料，用了很长的时间也不能解决问题。这是为什么呢？其中最关键的因素就是两者的思维方式不同。前者遇事喜欢简单化，喜欢用最简单、最快捷的方式去解决问题；而后者则拘泥于形式，以为复杂就是完美，就是智慧。其实不然，只有将复杂的工作简单化，学会砍削与本质无关的工作，抓住问题的根本，用最简略的方式对问题进行表述，这才是成功人士应该具备的工作技能。

在某大学的一个研究室里，研究人员需要弄清一台机器的内部结构。这台机器里有一个由100根弯管组成的密封部分。要弄清内部结构，就必须弄清其中每一根弯管各自的入口与出口，但是当时没有任何相关的图纸资料可以查阅。显然这是一件非常困难和麻烦的事。大家想尽办法，甚至动用某些仪器来进行探测，效果也不理想。后来，一位在学校工作的老花匠提出了一个简单的方法，很快就将问题解决了。

老花匠所用的工具，只是两支粉笔和几支香烟。他的具体做法是：点燃香烟，吸上一口，然后对着一根管子往里喷。喷的时候，用粉笔在这根管子的入口处写上"1"。这时，让另一个人站在另一头，见烟从哪一根管子冒出来，便立即用粉笔也写上"1"。照此方法，不到两个小时便把100根弯管的入口和出口全都弄清了。

从这个故事里，我们可以得到这样一个启示：凡事应该探究"有没有更简单的解决之道"。在着手从事一项工作时，要先动脑，想想这件事情能不能用更简单的方法去做，而不是急急忙忙去动手，以致白白忙碌了半天，却解决不了任何问题。

在工作中遇到问题时，一部分人错误地认为，想得越多就越深刻，写得越多就越能显示出自己的才华，做得越多就越有收获。他们却不知道，只有"合适"的才是最好的。否则，即使再多，但都不合适，又有什么意义呢？

美国独立之前，人们推举富兰克林和杰弗逊起草《独立宣言》，由杰弗逊执笔。杰弗逊文才过人，最不喜欢别人对自己的东西评头论足。

杰弗逊将文件交给委员会审查时，在会议室中等了好久都没回音，于是非常急躁。这时，富兰克林给他讲了个故事：一个决定开帽子店的青年设计了一块招牌，写着"约翰帽店，制作和现金出售各种礼帽"，然后请朋友提意见。

第一个朋友说，"帽店"与"出售各种礼帽"意思重复，可以删去；第二位和第三位说，"制作"和"现金"可以省去；第四位则建议将约翰之外的字都划掉。

青年听取了第四位朋友的建议，只留下"约翰"两个字，并在字下面画了顶新颖的礼帽。帽店开张后，大家都夸招牌新颖。

听了这个故事，杰弗逊很快就平静下来了。后来公布的《独立宣言》，的确是字字珠玑，成为享誉世界的传世之作。

可见，"多"不一定就是好。很多时候，"多"是累赘，"多"是画蛇添足，"多"只会使你更忙，更没有章法。因此，凡事"合适"即可，不要盲目求多、贪多，否则，事情就有可能搞成一团乱麻，理不出头绪。

在工作中，我们也应该学会把复杂的事情简单化，这样在更好地解决问题的同时，又大大提高了工作效率，何乐而不为呢？

有一阵，电影界突然一窝蜂地拍摄有动物参加演出的影片。虽然大家几乎是同时开拍，但是其中有一家的影片，不但推出早了许多，而且动物的表演也远较别人精彩。

这是为什么呢？

因为在同一时间，导演找了许多只外形一样的动物演员，并各训练一两种表演。于是，当别人家唯一的动物演员费尽力气也只能演几个动作时，他的动物演员却仿佛通灵的天才一般，变出许多高难度的把戏。而且因为他采取好几组同时拍的方式，剪接起来立刻就可以将电影推出。观众只见其中的小动物爬高下梯、开门关窗、卸花送报……却不知道这全是不同的小动物演的。

可以说，世间有许多非常的成功，都是以非常的办法获得的。在现实生活中，许多人工作很勤奋，但因为工作量很大很烦琐，他们就不能取得突破，原因你明白吗？不要忘记，我们可以把复杂的问题简单化。因为任何问题都有不止一种解决办法，适时审视改进你的工作方法，就可以达到事半功倍的效果。

由于人们每天需要做的事情很多，事情又有轻重、缓急之分，大小之别，难免有时顾此失彼。当掌握了拆分之法，将复杂的工作简单化以后，你会发现很多事情都变得容易了。

第六章

正在努力的你要看到未来的自己

给自己一个正确的评价

对于一个人来讲,重中之重的义务是正确地评价自己。你所做的每件事,如果它是高尚的,你的心里就会响起一个声音,它说"你做得很棒";而如果你做的这件事,是件不光彩的事情,则会有一个"你不该这样做"的声音响起。一个人所拥有的全部东西里,最珍贵的是懂得正确评价自己。

那些被世人所追捧的人,诸如成功人士、社会名流等,别人可以对他们有很高的评价,但是在他们的心里还有一杆"称量"自己的秤,没人会比他们自己还清楚自己是什么样的人。在别人评价他们如何如何成功的时候,他们可能会认为自己是一无是处的,可能会因为自己的某个行为谴责自己。他们的成功是踩着别人的正当利益,对别人的权利进行剥夺才获取的。这样的人,尽管他们的生活非常舒适,但是一旦接触到别人的痛苦,他们的良心就会受到深深的谴责。

对于一个人来讲，地位、金钱都不重要，真正重要的是自我的认可。人只有在得到自己的认可后，才能得到真的幸福，有所适从，心有所安地生活。

因此，做任何事情首要考虑的前提是：我是否心安理得。只有在得到了自己的许可后，你要做的事情，才会得到你的保护，而任何觊觎偷袭的人也都不会取得成功。在你做某件事情前，当你开始你的行为时，切记要仔细思量，看看你的内心认不认可这件事情。在你觉得一些事存在不妥，或者有出现问题的征兆时，你就要停下来，解决完问题再继续前行。在这个事情上，你一定要摆脱怕麻烦、与之妥协的思想，因为这些思想将会给你带来无穷的后患。当你发现你的船出现了一个孔洞后，还是一意孤行要扬帆远行的话，那么你的这种做法无疑是自掘坟墓。

对自我的认可，一定要是发自内心且正确的。若是不实事求是，想兼顾不诚实和不受到内心谴责，这样的做法只会导致一无所获的结局。若是你固执己见，你所追求的将会永远地以空中楼阁的形式存在于远处。

在你信任自己的前提下，你失去的也会是你获得的。不管你是得到了一笔巨款，还是从此变得身无分文；不管你拥有豪宅别墅，还是住在廉价的房屋里；不管你穿着华丽，还是一身褴褛；不管你是开着豪华轿车，还是仅拥有一辆破旧的自行车。尽管你现在拥有友谊，但你可能在下一瞬就失去它；你可能受到褒扬，也会有遭人唾弃的时候。这种种不同的境况，只要你心安理得，你相信自己，你对你经历过的生活毫无遗憾，你就会得到自己的认可，你就会感到心满意足。抱着信心，勇往直前地生活，尽管这样你可能得不到别人的认同，但是你会对自己毫无遗憾，也会认定自己是成功的。

一些人，他们过着奢华的生活，拥有豪宅，开豪车，大把大把的钞票随意挥霍，但是他们却感受不到幸福。出于对幸福的渴望，他们自愿舍弃所有，去拥有心灵的安定，得到自己的认可，获得幸福。

与之相对的，一个生活贫穷的人，若是他有积极进取、勇于向上的心，那么幸福对于他来说唾手可得。这里要强调的一点是，若是一个穷人不思进取，没有追求，自怨自艾地抱怨生活的不公，那么他的一生都将穷困潦倒，幸福也就更无从体会了。

生命给予了生灵无限的力量。这就是为什么一块卵石只能有被深埋地下的命，一颗橡树种子却可以冲破黑暗享受阳光的温暖。橡树的体内有着生命的力量，它有向上的欲望。与之相似的，生活在地球上的所有动植物都有向上攀登或生长的愿望。人类作为高级动物，有别于其他动物的最重要的一点是人类有思维，这个思维能够指引我们向上生活，更好地生活。任何一个人都拥有勃勃的雄心，这个雄心需要被认可，如此人们才能在精

第六章　正在努力的你要看到未来的自己

神、思想、身体等各方面"向上"去要求。

若是一个人做有违良心的事情，即使这件事情不被别人发现，这个人的品质也会自行地大打折扣。一个原本正直、有能力、有教养等优秀品质的人，出于过上一种高品质的生活的欲望，结果采取了卑鄙、可耻等诸多不良行为，这是多么可惜可叹的事情啊！

一个人会从书本、社会实践或观察中学到很多东西，但是这远远比不上他从心灵品质上学到的东西。

"社会是什么颜色，我们就会给自己笼罩上一层什么颜色，就像树蛙能让自己的颜色变得和树叶一样，或是阿尔卑斯山上的小鸟随着四季的变换而改变自己的羽毛一样。"英国地质学家盖基·阿斯巴尔德总结道。

我们每个人都充当着镜子的角色，这面镜子不光照别人，更主要的作用是自我反馈。一个人所接触到的东西，都能够由自己映射出来。值得我们庆幸的一点是，不管是好的东西还是不好的东西，它们都会很容易地被人学习。那些品德高尚的人，他们取得的成就来源于他们频繁地接触品格高尚的人，他们吸取了这些人的好品质。一位大学生这样说："尽管我没有见到安德鲁斯总统的荣幸，但是这不妨碍我在他的熏陶和影响下成长。"

你的现在不是你的未来

无论如何贫穷,这都阻止不了那些志向高远的年轻人对接受教育的追求,他们总有办法达到目的。然而,若是缺失上进心,他们则会没有任何前途可言,因为他们心中熄灭的希望之火没有人能使它再燃起,他们不能被激励。

若是一个孩子有成为伟人的愿望,那么,想对其进行阻止是十分困难的事情。不管身处于何种环境,或者是有着不健全的身体,他总能找到解决的办法,沿着正轨前行。就像不能够阻止少年林肯、威尔逊或者格里利的成长一样,尽管因为贫寒的出身他们买不起书,然而,他们却能通过借书来接受教育。

我们永远都不要对年轻人失望。尽管他们曾经可能非常愚笨,然而他们却始终有着把事情做得更好的期望。

也许你会认为生活是十分平凡的,而自己也缺乏拥有更多财富的机遇，然而，不管你的身份是如何卑微，也无论你未来在何种行业供职，它们都微不足道。只要你有把事情做得更好的愿望，只要你对你过着的生活毫无遗憾，只要你有拥有更高职位的渴望，并愿意为此付出艰苦的工作，那么成功就一定会属于你。在平凡的工作中，你会逐渐地鹤立鸡群，正如刚刚萌发的幼苗几经努力破土而出一样。

当年轻的富兰克林来到费城寻找自己的发展机会时，在他吃饭、睡觉和在房间里作画等等期间，当地的精明商人就曾预言道：他将会有一片大好的未来。为了实现更高的目标，他竭尽所能地工作，而且始终信心满满。每一件事情都被他做得十分完美，这也是他将来会成就更大的事业的证据。

虽然身为一个业余印刷员，然而他却做得比那些专业工人还要好，他高明的印刷技术，让老板都自叹不如，人们断定：将来他自己开一家公司，必将会生意兴隆。

当然，我们不能只根据一个人所从事的行业就对他下定论，他或许只是借着某项工作为垫脚石而去取得更高远的成就。我们应该根据他人下定决心和有雄心做的事情来对他进行评价，这才是可靠的标准。对于那些诚实的人来讲，那些令人尊敬的工作往往是他们选来作为实现理想的垫脚石的最佳选择。

存在于一个人身上的细微之处反映了他的未来：他持有的思维方式、气质、精神面貌和进取心，以及他做出的所有举动，这一切都会成为他将有一个什么样的未来的判断依据。

狄更斯说："即便你的工作只是擦洗地板，你也应该好好地擦洗，想象着老戴维·琼斯正站在你的身后。"

若是因为没有热情和毅力，某个人没有将手头的工作很好地完成，没有达成既定的目标，那么他将会感到极其失望和遗憾。但是，若是他一味地抱怨工作，自怨自艾，这并不会使他能更有雄心。他所发出的不满和牢骚，可能恰恰是他懒惰和冷漠的证据。

然而，在我们发现一个人是某个职位的适合人选，正如这个职位对他适合一样，他往往会全力地把工作做到尽善尽美，并会为此感到自豪，还有着把工作做得更好的渴望时，我们可以下定论：他的目标一定能实现。只有在我们对他的高远志向有所了解的时候，更多的与其有关的事情他才会向我们袒露。若是一个人具有勇气，并且能始终不懈地为理想努力奋斗，那么，这个人很容易就会成为人们的效仿对象。

所以，我们要时刻提醒自己，去做一些真正有意义的事情。当我们对做某件事充满渴望并自信满满时，所具备的力量也会变强。

自我完善比接受教育更重要

通常来讲，教育是一个在书籍和教师的帮助下，人类获得心智发展的过程。但是，因为一些人没有受教育的机会或是将这个机会错失了，他们没有受过教育。尽管这样也不能完全失望，因为你还可以通过"自我完善"来获得心智的发展。而完善自我的机会我们是可以随时得到的，更有大量的资源帮助我们实现这一目标。如今，有益的资源遍布在我们的周围，像全民阅读的公共图书馆、发达的网络信息等等。有着如此有利的条件，若是还拿缺乏资源作为借口而不去进行自我完善，就太不具说服力了。

在对近半个世纪或是一个世纪进行回顾后，我们不难发现，有众多的困难阻碍着人类对知识进行获取。那个时代，书的种类和数量不但少，而且价格昂贵。与现在相比，那时的学习条件相当恶劣。

那时的人们，在结束一天的繁重工作后，还要去学习。在昏暗的烛光下，为了专心致志地学习，他们不得不克服身体上的疲乏，这其中该是多么艰难啊。

然而，尽管条件如此艰辛，还是有许多杰出之士大展了拳脚，成就了一番作为，对此我们不能不赞叹和敬佩。这其中不乏身体不健全的人，他们或是眼疾、肢体残疾，或是遭受着其他病痛，但是这些困难都被他们以坚强的毅力克服了。

与之相比，我们拥有优越的学习环境，诸多完善自我的机会，以及浩如烟海的书籍等等这些数不清的资源，然而我们掌握的知识却少得可怜，如此悬殊的差距我们不会感到羞愧和应该深刻自省吗？

完善自我需要有这样一种感知作为前提：渴望自我得到完善。出于这样的一种渴望，你就会不断地战胜自我，使自己充满斗志，最终就会实现目标。对于那些乏味的事情，我们应该学会避开。那些以完善自我为目标的人，会在他们前行的路上遇到一头"狮子"，它代表的是对自我的放任，若想继续前进，唯一的办法就是打败它。

有人说，尽管不知道一个年轻人白天做什么，然而若是对他晚上如何利用时间清楚的话，也能够对他未来的一生进行预测。若是他注重玩乐消遣，那么物质将成为他未来一生的追求。而如果他将玩乐消遣看作是对自我的放任，意识到那只是在浪费时间,那么在他未来的一生中定会有所建树。

在年轻时如何利用闲暇时光,通常会决定人们未来一生的成就。人们可以根据它来确定人的内心是否仍旧活跃,或者人生是否只是被他们看成了一次享乐的旅行。

游手好闲会对人产生多大的危害,这还不被多数的年轻人意识到。在你任意挥霍晚上或是闲暇的时间时,它不但不会对你品格的塑造起到任何帮助,反倒会使你的品格趋于堕落。

常常在不经意间,年轻人就会发现自己被竞争对手赶超了。然而若是他们能好好反省,就会意识到曾有一段时间他们停止了努力,将本来可以好好利用的时间浪费掉了,并且没有通过广泛阅读对自己的知识结构体系进行充实。如此,在别人进步的同时,他却停在原地,甚至是在倒退。

我们应该把闲暇的时间用在阅读和学习这些正事上,如此也是对我们高尚品性的一种表现。纵观历史,利用闲暇时间来学习的著名事迹举不胜举。那些成功人士并没有将闲暇时间用在玩乐上,相反,他们尽可能地利用一切时间来学习,一些时候甚至还会牺牲掉一部分的睡眠和进餐时间。

美国著名的慈善家、语言学家和社会活动家伊莱休·伯里特,尽管取得了巨大的成就,然而他的学习经历却十分艰难。若是如今的年轻人和他遭遇相同的磨难,怕是不会有几人能有所作为。

16岁时，伊莱休·伯里特来到一家铁匠铺学习技术，他的整个白天时间都要工作，有时甚至还要工作到夜里。然而，尽管条件如此艰辛，他还是做到不断地提升自己。

　　在他的口袋里总是会放上一本书，一旦闲下来，他就拿出来看，在晚上、休息日，就连吃饭的时候他也看，所有能利用的时间都被他用来学习，就是点点滴滴的时间也得到了他的利用，而这些时间在大多数人的眼里，都是不值得利用的。

　　就在每天清晨，那些家里富裕的孩子，或是那些沉迷玩乐的孩子，还赖在床上闭着眼睛伸懒腰、打哈欠时，这一时间已经被年轻的伯里特用来学习了。

　　在对知识的追求和对自我完善的渴望的催促下，他克服掉了所有阻碍他成功的障碍。曾经有一位非常有钱的绅士，愿意出资让伯里特去哈佛读书，然而却被他委婉地拒绝了。伯里特认为自己有能力使自己获得教育，尽管他每天都要在铁匠铺花上12~14个小时工作。

　　工作间隙中的点滴时间都被他利用起来，并视它们如黄金一样珍贵。他与格拉德斯通有着一样的信念，认为节约当下的时间，将来就会有丰厚的回馈，若是不珍惜现在的时间，只会使自己退步。

　　在铁匠铺的工作之余，伯里特抓住了一切可能利用的点滴零碎时间来学习，单是一年的时间，他就掌握了七门外语。处在如此恶劣的条件下，竟能取得如此巨大的成就，实在令人叹服。

所以我们应该意识到，我们之所以没能成功，并不是因为我们不具备取得成功的能力，而是我们不够勤奋。

利用现有资源提高自己

那些永远只能受雇于人的员工通常是这样：在年轻时，他们认为掌握一项技能或是去对那些其事业发展所需的基础知识进行学习是没必要的。这种想法是愚蠢的，而它正被众多的工作在工厂、商场或者办公室的年轻人所拥有。其实，现在遍布着众多教育机会，因此获得良好的教育也相对更容易，然而那些年轻人却没有好好地把握这些机会，让人不得不惋惜。如今，从事着低级别工作的年轻人随处可见，导致这一结果的最大原因是，他们忽视了教育的重要性，没能集中精力学习，因此他们的一生只能永远以靠为别人打工为生。

有许多人忽略了年轻时学习的重要性，他们认为花费精力去学习是没有价值的。这一想法，往往会导致他们在迟暮之年，为自己一无所获的人生悲叹不已。

第六章 正在努力的你要看到未来的自己

有很多有很好天资的人,将一生中最美好、最富活力的时光葬送在了平平常常的岗位上。让人大跌眼镜的是,对于眼前的能提升自己的资源,绝大多数人都选择了放弃。在他们眼里,发展自身的才智是不必要的,那些能使自己更有发展的机会也是没必要把握的。

很多年轻人的意识里存在着类似的无知想法。他们不愿意花费精力去发展自己的才能,而是希望每天只工作几小时,工作轻松,又能有丰厚的薪水来拿。他们多数都在考虑如何去消遣,而如何使自己得到锻炼,让自己有进步,在他们那里则很少被考虑到。

很多小职员都眼红自己的老板,他们也想拥有自己的事业,让他人为自己服务,然而在他们意识到自己要为此付出巨大努力时,他们就主动放弃了。轻松自在,清闲无束的生活才是他们的追求。然而我们要明白,更好的岗位和更丰厚的报酬,都是要努力拼搏才能获得的,而为之付出的所有努力都是有价值的,也是需要付出的。

很多人都有这样的错误想法,即尽管将来会收获很多,他们也不愿意牺牲掉自己的现在去换取。相比于花费时间来对自我进行完善,享受眼前的玩乐时光是他们更愿意做的。尽管他们对成就也有渴望,然而这个渴望太微弱了。

若要改变现状,就要以牺牲当前的一些时光为代价,他们对自己有所作为的渴望就显得不够分量了，他们不愿意倾其所有来换取，就像他们不愿意通过多年的学习来为自己奠定一个良好的人生基础一样。

绝大多数人的一生都是一无是处的。他们原本有着改变现状的能力，然而因为热情和决心不足而未能实现。我们都知道，高品质生活的获取前提是：坚持不懈地奋斗。他们不愿意为了目标的达成，而付出必要的努力，而甘愿轻松自在地过着低微的生活。一个没有进取心的人，只能一生碌碌无为。

若是一个人下定了完善自我的决心，他就会为此付诸相应的行动，那么他就总能找到进行下去的出路，他们总有可利用的机会，即便没有，也能够创造出来。

下面就是一个发生在我们日常生活中的例子。

有一个爱尔兰人，在他快满20岁时，仍旧不会读书和写字。他生活的地方盛行放纵主义，没有任何机会供他来学习。

于是，这个年轻人选择了游走他乡，在不断地对黑板报进行学习后，他可以进行稍许的阅读。后来他找到了一个在军舰上担任乘务员的工作。在选择负责区域时，他选择了船长室，他认为在那里能够接触到更多新知识。在他穿着的衣服的口袋里总是放着一本小便笺簿，每逢听到新词时，他都会拿出便笺簿随手记录下来。

年轻人的这一记录举动被长官发现了,他以为他是间谍。后来,当长官们了解到真相后,他们都纷纷给他行方便,给他创造了更多的学习机会。年轻人很好地把握了这些机会,不断使自我得到完善。

相应地,他晋升得很快,最终成为海军部队里声名显赫的人物。

若是你也能像这位年轻的爱尔兰人一样,不断地使自我得到完善,那么你的成功路上就会有备无患,成功也一定会属于你。

让思维突破束缚，让思想冲破牢笼

以前曾看过这样一则报道，说美国的大学生平时看上去学习不大用功，但写毕业论文时却常有独特的创新见解；而我国留美的学生平时学习很刻苦，学习成绩也很不错，但写毕业论文时却四平八稳，墨守成规，缺乏创新和突破。

为什么会出现这样的现象呢？追根溯源，是由于我们的教育方法和长期形成的思维定式所致。

"思维定式"是由人们先前的活动而造成的一种对活动的特殊的心理准备状态。在环境不变的条件下，它有助于人们迅速解决问题，而当情境发生变化时，则会阻碍人们采用新的解决方法。作为对某一特定活动的准备状态，思维定式可以使我们在从事某些活动时相当熟练，甚至达到自动化，可以节省很多时间和精力。但同时，思维定式的存在也会束缚我们的思维，使我们只用常规方法去解决问题，而不求用其他"捷径"去突破，因而也会给解决问题带来一些消极影响。

有这样一个问题大家也许并不陌生：篮子里有四个苹果，由四个小孩子平均分，最后，篮子里还有一个苹果。请问：他们是怎样分的？

这个问题的答案只能是：四个小孩一人一个。

这个答案，许多人可能不服气：不是说四个孩子平均分四个苹果吗？那篮子里剩下的一个怎么解释呢？

首先，题目中并没有"剩下"的字眼；

其次，那三个孩子拿了应得的一份，最后一份当然是最后一个孩子的。至于他把苹果留在篮子里或者拿在手上，这并没有什么区别。

经常看到一些人为解答这类问题而绞尽脑汁。他们因于认识的"积累性错误"，而不能识破题目布下的圈套。由认识的固定倾向所产生的消极的思维定式，是禁锢人们思维的枷锁。

思维定式可能是对过去某一阶段的经验总结，是经过成功的经验或失败的教训验证的"正确思维"。但是当事物的内外环境发生变化时，仍然固守"正确的"定式思维却行不通了。不突破思维定式，就只能被原有的框架束缚，就不可能激发出创造思维并取得新的成功。

有这样一个案例：

1952年前后，日本的东芝电气公司一度积压了大量的电扇卖不出去，几万名职工为了打开销路，费尽心机地想了不少办法，依然进展不大。有一天，一个职员向当时的董事长提出了改变电扇颜色的建议。

在当时，全世界的电扇都是黑色的，东芝公司生产的电扇也不例外。这个职员建议把黑色改为浅色。这一建议引起了董事长的重视。经过研究，公司采纳了这个建议。

第二年夏天，东芝公司推出了一批浅蓝色电扇，大受顾客欢迎，市场上还掀起了一阵抢购热潮，几个月之内就卖出了几十万台。从此以后，在日本以及全世界，电扇就不再是一副统一的黑色面孔了。

这个例子具有很强的启发性。只是改变了一下颜色，大量积压滞销的电扇就成了畅销品。这一改变颜色的设想，既不需要有渊博的科技知识，也不需要有丰富的商业经验，为什么东芝公司其他的几万名职工就没人想到，没人提出来呢？为什么日本以及其他国家成千上万的电气公司，以前都没人想到，没人提出来呢？

这显然是因为，电扇自从被发明出来就都是黑色的。虽然谁也没有规定过电扇的颜色，但彼此仿效，代代相袭，渐渐就形成了一种惯例、一种传统，似乎电扇就只能是黑色的，不是黑色的就不称其为电扇。这样的惯例、常规、传统，反映在人们的头脑当中，便形成了一种心理定式、思维定式。时间越长，这种定式对人们的创新思维的束缚力就越强，要摆脱它的束缚也就越困难，越需要做出更大的努力。东芝公司这位职员提出的建议，其可贵之处就在于，他突破了"电扇只能漆成黑色"这一思维定式的束缚。

无独有偶，还有一个例子也能很好地说明突破思维定式可以使情况有所转机。

有家生产圆珠笔笔芯的工厂遇到了一个难题：圆珠笔在其芯内的油还没用尽前，钢珠就掉了。为此，这家工厂召集了许多高级技术人员探讨怎样延长钢珠的寿命，结果实验全部失败。

正当厂长束手无策时，一个老工人建议：减短笔芯的长度，那么在钢珠的寿命结束前，笔油就已用完。这样一来，厂家的难题便迎刃而解。

人们经常把创新想象得太神秘、太复杂，并因此放弃创新，其实创新往往是最简单的。有了生活经验的积累，不受条条框框的束缚，就更容易想出简单有效的金点子。

法国著名歌唱家玛迪梅普莱有一个美丽的私人林园，每到周末总会有人到她的林园摘花、采蘑菇、野营、野餐，弄得林园一片狼藉，肮脏不堪。管家让人围上篱笆，竖上"私人园林禁止入内"的木牌，均无济于事。

玛迪梅普莱得知后，在路口立了一些大牌子，上面醒目地写道："请注意！如果在林中被毒蛇咬伤，最近的医院距此15公里，驾车约半小时即可到达。"从此，再也没有人闯入她的林园。

让思想冲破牢笼，就要胸怀凌云壮志，就要坚持高标准、追求高水平，就要解放思想，大胆创新。要明白，思想有多远，路就会走多远。让我们斩断种种羁绊，学会大胆创新，拥有崭新的生活。

勇于突破，才能走得更远

职场人士如果想在职场中有所突破，就一定不能像机器人那样，否则只能是在原地踏步，与机遇擦肩而过。

古人云：吃得苦中苦，方为人上人。可现实真是残酷无情，很多人吃尽了苦中苦，但仍是人下人。这里我所理解的所谓"人上人""人下人"，并非高低贵贱，而是是否在他的工作中获得杰出的成就。吃苦的同时就要攻克难关，就是在前进，没有原地踏步。因此当职场人士遇到困难的时候，一定要勇往直前，绝不做职场中的"机器人"。

职场上最不能让人容忍的就是业绩总也不能有所突破，一直在原地踏步，这也是影响升职的重要因素。试想，一个人总是在一个地方不停地走，可最终却没有前进一步，这就相当于物理学里所说的"无用功"，这也正是职场的大忌。如果你只想做一个职场凡人，不希望自己过得更好，那么这样的情形还可以理解，但是如果你希望自己在公司里有所建树，能够有朝一日成为公司的栋梁之材，那么你面临的问题就严重了，而且有时候就连你只想做个"凡人"都已经很难了。

皮特和马克毕业后进入同一家公司工作。刚开始的时候，两个人工作内容一样，都是公司的业务员，每天上下班都在一起，住宿也在一起。可是，一个月后，情况发生了变化，皮特做了一个大单子，拉到了一个很大的客户，这让皮特不仅仅在工资上的收入远远超过了马克，而且领导对待皮特和马克两个人的态度也有了很大的不同。

看到这样的情况，马克心里很不是滋味，暗下决心要超过皮特。于是马克更加努力工作了，每天起得更早，在单位拼命地打电话，就是希望有一天也可以签到一张大单子，让自己在公司的地位重要起来。可是事情就是这样和他开玩笑，虽然经过了很多的努力，但是马克的工作并没有什么起色，虽然也签了几张单子，但都是很小金额的，几张单子加起来还不到皮特一张单子的十分之一。

又一个月过去了，皮特也不知道用了什么办法，又签了一张大单子，这下更让领导对他刮目相看了。不但大会小会上点名表扬，而且公司的很多项目都让他参加，当然待遇方面更是让人羡慕了。这一下马克更加着急了，可自己无论怎么努力也不能让业绩进步，这让马克吃不好睡不好。转眼三个月的试用期就到了，皮特由于工作业务出色，被调到了公司的核心部门工作，马克勉强通过了试用，只能在原来的工作岗位上做一个业务员。

很快就到年底了，在年终庆典上，皮特再一次被作为工作典型受到了领导的大力夸奖，而马克则坐在角落里品尝着失落的苦果。然这半年多时间里，马克一直努力工作，可是业绩就是上不去，这也让马克百思不得其解，马克甚至觉得自己的运气太差了，就是找不到大客户，就是不能签到大单子。马克想，也许是自己不适合做这样的工作吧，干脆换个工作算了。

其实并不是马克的工作能力不够，而是没有找到工作的方法，当第一个月没有业绩的时候，就应该总结思考，究竟是哪块工做出了问题，同时也应该向彼得进行讨教，但是他依然故步自封地去工作，最后导致还停留在自己原有的工作岗位上。

从马克的身上，我们看到很多职场人的缩影：这些人工作努力，认真肯干，不怕吃苦，但是工作成绩就是上不去，业绩总是在原地踏步，有时候甚至产生了错觉，认为自己入错了行、选错了工作。其实不过是自己的工作还不到位。无论哪个行业，只有抓住了工作的精髓，只有方法正确了，才能在工作中取得好成绩，而不是只会在别人升职的时候羡慕别人。

第七章

前进的路上,不妨适当停下来想想

给你的任务定质定量，一切做到心中有数

目标是我们成功的起点，一旦树立目标之后，就需要为实现目标而设定任务。但要想顺利地完成任务，实现目标，我们就需要为自己的任务定质定量，做到一切都心中有数。

定量就是一个量化的过程，量化一是指数字具体化，即如果某一个任务能用数字来描述，则一定要写出精确的数字。比如，你在三年内要实现的收入状况，就可以量化为150万元、100万元、50万元等具体的数字。二是指形态指标化，即如果所确定的任务不能直接用某一个数字来描述，就必须进一步进行分解，将其表现形态全部用数字化指标来补充描述。比如，你想买一套房子，就应该具体说明房子要多大面积、几室几厅、价格多少、具体位置、房屋朝向以及周边环境要求等。

有的人一事无成，有的人却能够走出一条漂亮、成功的人生

第七章 前进的路上，不妨适当停下来想想

路，区别的关键，毫不夸张地说，就在于目标的量化。一个个目标量化的具体任务就是人生成功旅程上的里程碑、停靠站。每一站既是上一段路的终点，同时也是下一段路的起点。

定量还包括时间限制，它是指你所确定的目标必须有一个明确的期限，可以具体到某年某月。没有时限的任务，不是一个有效的任务。你可能轻而易举地为自己找到拖延的借口，使任务实现之日变得遥遥无期。

美国的一位著名学者发觉自己一天要花费两个小时的时间来准备拉丁语课程。于是，他决定将时间缩短到一小时五十分钟，最终他做到了，但是他发现学习拉丁语的实际效果下降了。后来，他又为自己的任务设定了质量管理，不但要求自己在一小时五十分钟内完成，还要求自己学会一定的内容。

这样，当他开始学习拉丁语的时候，他集中所有的精力，在尽可能短的时间内完成了学习任务。通过每天的锻炼，他能够在一小时四十五分钟内就学习完当天的课程。就这样，他节约了很多时间。

时间一天一天地过去了。这位学者很快发觉现在自己仅仅用一个半小时就能达到每天的任务量。接下来，时间用得越来越少，甚至用半个小时就能做到了。

经过加倍的努力，几个月后他真的能够仅用半个小时就学完

所有的课程了。那是学校中的其他人按照以往的学习习惯绝对不能做到的事情,但是他却做到了。

美国哈佛大学心理学家威廉·詹姆士研究发现,一个没有受到激励的人,仅能发挥其能力的20%~30%,而当他受到激励时,其能力可以发挥至80%。所以,要想让自己早日实现目标,早日踏上成功的征途,你需要为自己的任务定质定量,一切做到心中有数。

学会逆向思考，成功者和别人想的不一样

逆向思维是指人舍我取、人取我予的方法，逆向思考能够给人带来机会。细心观察那些成功者，你就会发现，他们的思考方式和其他人不一样，他们都具有逆向思维。

逆向思维是人们的一种重要思维方式。逆向思维也叫求异思维，它是对司空见惯的似乎已成定论的事物或观点反过来思考的一种思维方式。这种思维方式敢于"反其道而思之"，让思维向对立面的方向发展，从问题的相反面深入地进行探索，以树立新思想，创立新形象。

美国的马克·欧·哈罗德森是一个商业奇才，他写过几本畅销书，介绍赚钱致富的手段和思考问题的方法。哈罗德森是从房地产行业起家的，四年中赚了100万元，实现了他自己制定的初级目标。他在书中透露了一个快速致富的秘诀，那就是逆向思维

法。即当一般人对某种经济活动蜂拥而上时，赶快撒手撤离，而当多数人认为某种经济活动毫无利益可图、避之唯恐不及之时，则应积极研究，也许这正是难得的机遇，需要大胆地从事之。

在20世纪60年代中期，当时在福特一个分公司任副总经理的艾科卡正在寻求方法以提高公司业绩。他认定，达到该目的的灵丹妙药在于推出一款设计大胆、能引起大众广泛兴趣的新型小汽车。

顾客是提高业绩的关键所在。明白了这一点后，他便开始绘制战略蓝图。以下是艾科卡如何从顾客着手，反向推回到设计一种新车的步骤：

顾客买车的唯一途径是试车。要让潜在顾客试车，就必须把车放进汽车交易商的展室中。吸引交易商的办法是对新车进行大规模、富有吸引力的商业推广，使交易商本人对新车型热情高涨。说得实际点，他必须在营销活动开始前做好小汽车，送进交易商的展车室。

为达到这一目的，他需要得到公司市场营销和生产部门百分之百的支持。同时，他也意识到生产汽车模型所需的厂商、人力、设备及原材料都得由公司的高级行政人员来决定。

艾科卡一个不漏地确定了为达到目标必须征求意见的人员名单后，就将整个过程倒过来，从头向前推进。

第七章 前进的路上，不妨适当停下来想想

几个月后，艾科卡的新型车从流水线上生产出来了，并在60年代风行一时。它的成功也使艾科卡在福特公司一跃成为整个小汽车和卡车集团的副总裁。

逆向思维之所以可以带给人机会，就在于它符合事物发展的规律。我们知道，一种物品的供给，或者对一种物品的需求总不会是无限的。如果供给看起来似乎源源不绝，不能穷尽之时，往往预示着它将要匮乏；如果供给充裕，价格低廉，人人急欲脱手，那么当它来源耗尽，市场短缺时，价格势必暴涨。所以，在人们都追求时抛出去，人们都冷落时购进来，以一倍之本而获数倍之利，常常是可以办到的。

曾几何时，全国各大饭店纷纷推出"最低消费"这一经营指数，这无形中拒绝了一部分消费者。一家广州饭店反其道而行之，提出了"最高消费"的创意，也就是说进这家饭店的顾客平均每人消费不得超过一百元。

该饭店老板懂得，精彩的策划绝不是随波逐流，而是另辟新径，做到人无我有，显示出自己独特的经营个性。而且，当时激烈的竞争，使一些饭店都错误地挤向了豪华宴和黄金宴的小道上，但有钱的暴富者毕竟有限，因此继续摆阔气的风险性极大。再从社会舆论上看，新闻媒体也越来越多地谴责豪华消费，大有

封杀之势。所以该创意一出，立刻赢得了人们的广泛关注，饭店不仅收入大大增加，还树立了良好的企业形象。

逆向思维也是成功的一种方式。其实，对于某些问题，尤其是一些特殊问题，从结论往回推，倒过来思考，从求解回到已知条件，反过去想或许会使问题简单化，使解决它变得轻而易举。

要提升胆识，更要做足准备

想要捕到好鱼，就要早早结好网做好准备。我们每个人在做任何事情的时候，都要事先做好准备工作，只有有针对性地做好工作，才能为机会创造成功的有利条件，让成功最大化。

有准备的人一定会领先别人一步。因为机遇总是喜欢光临有准备的人。有些人认为老天对自己不公平，为什么自己会与别人相差甚远？其实这并非老天的不公，因为每个人都有机遇，只是他们没有做好准备工作，让机遇白白地溜走了。如果机遇可以被每个人轻而易举地得到，那么这种机遇便没有多少价值了。所以说，机遇也只给那些做好充足准备的人。

想要得到一份好的工作就需要有所准备。在这其中的准备条件包括：拥有正确的心理态度，健康的身体以及教育、工作和生活的经验。

曾经有一则消息说：日本东芝公司从普天天芝合资公司撤资。这一消息意味着东芝正式退出中国CDMA手机市场，这一事件再次引起了业内人士对过去几年一直处于国内手机市场二三阵营的日系手机企业生存状态的关注。甚至有人断言，此事将引发日系手机企业"前赴后继"地淡出中国市场。

业内人士指出，在日本市场一直"大名鼎鼎"的三菱、松下等手机品牌，在中国却一直无法摆脱二三线的命运。以三菱手机为例，虽说还没有正式退出中国市场，但两年来推出的新品牌寥寥无几，在市场上也少见其身影，与"退出"几乎无异。有人在询问了十几位手机用户后发现，他们当中几乎无一人知道市场上有"三菱"这个手机品牌。松下手机在中国市场的占有率也少得可怜。

原本一直保持领先地位的这些日系企业竟然落后了，这种情况为什么会出现呢？其中最为致命的原因就是他们缺乏准备。因为他们在进入中国市场以前，并没有做好市场调研，所以推出的产品也就不能适应中国市场的需求。

进入中国市场后，日系手机企业也没有准备好有效的市场战略。他们只注重产品本身的功能和技术含量，而忽略了必要的市场推广和宣传，以至于消费者对于日系手机品牌的认知度，明显低于欧美系的手机品牌。

第七章　前进的路上，不妨适当停下来想想

在中国的手机市场，聚集了欧美、日韩、本土等上百个手机品牌。面临如此严峻的竞争局面，日系手机企业却没有对其他品牌的产品进行细致研究，没有对中国消费者的喜好进行详尽的调查，甚至没有对市场战略进行有针对性的调整。这种在各个方面都缺乏准备的后果，就是在激烈的竞争中居于下风。

有准备者领先，无准备者落后。这句话值得我们每一个人认真思考。

总之，要想在竞争中走在前面，关键在于在整个行进的过程中都做好准备，只有这样才能保证走得快、走得稳。

多角度思考,不要在得到一个答案时就止步

犹太人有这样的思维习惯,倘若有一个人说出了一种观点,那另一个人必须反对他,因为一个人的意见一定是不客观的。所以,当两个犹太人在一起的时候,就至少会有三种观点,而三个犹太人在一起的时候,就至少会有四种观点,这样,他们才觉得是比较全面的观点。

对每个人来说,在生活中也应该学习犹太人多角度思考的习惯,不要在得到一个答案时就止步。

核物理学之父欧尼斯特·拉瑟福在担任皇家学院校长时,有一天接到一位教授打来的电话:"校长大人,我有个不情之请,拜托你帮忙。"

"大家都是老同事,干吗这么客气。"

第七章 前进的路上，不妨适当停下来想想

"是这样的，我出了一道物理学的考题，给了一个学生零分，但这个学生坚持他应该得到满分。我和学生都同意找一个公平的仲裁人，想来想去就阁下你最合适……"

"你出的是什么题目？"

"题目是：如何利用气压计测量一座大楼的高度，校长大人，如果是你，你会怎么回答？"

"这还不简单，用气压计测出地面的气压，再到顶楼测出楼顶的气压，两压相差换算回来，答案就出来了。当然也可以先上楼顶量气压，再下到地面量气压。"

"是的，但这个学生回答说：先把气压计拿到顶楼，然后绑上一根绳子，再把气压计垂到一楼，在绳子上做好记号，把气压计拉上来，测量绳子的长度，绳子有多长，大楼就有多高。"

"哈，这家伙挺滑头的。不过，他确实是用气压计测出大楼高度的，不应该得到零分吧。"

"他是答出了一个答案，但这个答案不是物理学上的答案。"

拉瑟福第二天把学生找到办公室，给学生六分钟的时间，请他就同样的问题再作答一次。拉瑟福特别提醒答案要基于物理学角度。

时间一分一秒地过去了，拉瑟福看学生面前的纸上仍然一片空白，便问："你是想放弃吗？"

"噢！不，拉瑟福校长，我没有要放弃。这个题目的答案有

很多，我在想用哪一个来作答比较好，你跟我讲话的同时，我正好想到一个挺合适的答案。"

"对不起，打扰你作答了，我会把问话的时间扣除，请继续。"

学生听完，迅速在白纸上写下了答案：把气压计拿到顶楼，丢下去，用秒表计算气压计落下的时间，再套用公式，就可以算出大楼的高度。

拉瑟福转头问他的同事，说："你看怎样？"

"我同意给他九十九分。"

"校长，教授，我接受这个分数。"

"同学，我很好奇，你说有很多答案，可不可以说几个来听听。"

"答案太多了。"学生说："你可以在晴天时，把气压计放在地上，看它的影子有多长，再量出气压计有多高，然后去量大楼的影子长度，按比例就可算出大楼的高度。"

"还有一种非常基本的方法，你带着气压计爬楼梯，一边爬一边用气压计作标记，最后走到顶楼，你作了几个标记，大楼就是几个气压计的高度。"

"还有复杂的办法，你可以把气压计绑在一根绳子的末端，把它像钟摆一样摆动，通过重力在楼顶和楼底的差别来计算大楼的高度。或者把气压计垂到即将落地的位置，同样像钟摆般摆动它，再根据'径动'的时间长短来计算大楼的高度。"

"好孩子,这才像上过皇家学院物理课的学生。"

"当然,方法是很多,或许最好的方法就是把气压计带到地下室找管理员,跟他说:先生,这是一根很棒的气压计,价钱不便宜,如果你告诉我大楼有多高,我就把这个气压计送给你。"

"我问你,你真的不知道这个问题传统的标准答案吗?"

"我当然知道,校长。"学生说,"我不是没事爱捣蛋,我是对老师限定我的'思考'感到厌烦。"

拉瑟福遇到的学生名叫尼尔斯·玻尔,是丹麦人,他后来成为著名的物理学家,在1922年获得诺贝尔奖。

这个小故事再次告诉我们,成功者都是善于从多角度考虑问题的,他们不会满足于用一种答案解决某一个问题。

因此,在遇到任何问题时,我们都要向成功者那样,从多角度进行思考,而不要找到一个答案就满足。

把握思考的方向，做事才能事半功倍

古人云，"三思而后行"，意思就是做事前要多加思考，换句话说就是"先瞄准后开枪，想好之后再行动"。

可能有人会说，当今社会复杂多变，机会稍纵即逝，有时候做事前考虑得太多，反而会错失良机。其实，"三思而后行"与快速地把握时机并不矛盾，做事情要学会把握时机，同时，在作决策的时候还要多思考，把握正确的思考方向，只有这样，才有希望到达成功的彼岸。

对于渴望成功的人来说，三思就是要做到一思做什么，二思怎么做，三思怎么做到最好。做任何事情，首先都要有一个明确的目标，这样才能有的放矢，否则就会像无头苍蝇一样无所适从；接下来就要思考怎么做，就是做事的方法。做事方法得当，会达到事半功倍的效果，否则就会走弯路，不仅浪费宝贵的时间

第七章 前进的路上，不妨适当停下来想想

和精力，有时甚至还会造成无法挽回的损失；最后要在已有的方法中寻求最适当的，争取以最小的投入获得最大的收益。

有时候我们会发现，同一件事情，不同的人做出来的效果会有很大的不同。原因就在于有的人会积极地思考，并努力寻找最优的解决方法，而有的人则是走一步，看一步，等碰壁的时候，又回头重新思考，这样不仅效率不高，最终的结果也不会令人满意。

当吉姆接受公司的一个IT产品开发任务后，他几乎用了100%的精力去做。吃饭、开车、睡觉的时候他都在想，做出什么样的产品是最好的。在一个月的时间里，吉姆对这个产品的设计反复修改，终于设计出了一件"完美"的作品。在公司的讨论会上，吉姆很是得意地把自己的设计思路讲给了诸位同事和上司。

出乎他意料的事发生了。同事们好像对他的想法并不认可，相反，他们提出了不同的看法，诸如："我觉得过于强调了娱乐性，而且操作起来比较复杂"、"我也这么认为，顾客可能不会买我们的账"、"设计理念新颖，但是我觉得有些脱离市场"……上司苦笑了一下，表示无奈，这个设计最终被否定了。

会后，上司把吉姆叫进了他的办公室，对他说："关于这个设计，我觉得你想得很好，做得也很认真细致。但是很遗憾，其他同事并不认可，他们说的也是有道理的。有没有想过我们做这

个工作的出发点是什么？"

吉姆回答道："设计一个让顾客满意的产品，所以我力争完美。"

"没错！你说得很对。"上司递给吉姆一杯咖啡，接着说，"但是你在设计前有没有想过顾客到底想要什么？他们期望买到的产品是什么样的？"

这句话让吉姆感到很惭愧，事实上，他基本是按照自己的喜好去执行这个任务的，他只是达到了自己的期望而已。

"其实，他们需要的是一种操作简单、使用方便的产品，如果站在顾客的角度上思考，你设计的'菜单命令'过于复杂。顾客可不喜欢花1个小时研究那些搞不明白怎么用的产品，所以，试着多想想别人的立场。加油吧！"

故事中的吉姆，你不能说他做事前没有思考。但是，他思考的方向不对。既然你是为了满足顾客的需要，那么就要站在客户的立场上去思考，而不能只凭自己的喜好去做事。我们做事，并不是只要思考了就可以的，只有善于思考才能事半功倍。

如果你是一名服务人员，就多想想顾客希望得到怎样的服务，而不是你想给他们怎样的服务；如果你的工作是产品设计，请多想想什么样的产品能够让顾客眼前一亮，并且使用方便；如果你是做销售工作，那么也请想想你的客户会需要怎样的服务，针对不同的人，采用不同的销售方法；如果你是做秘书工作，就要多站在上司的角度思考，提前帮他把各项工作做好。

　　聪明的工作人，一定是善于思考的人。即使你很忙碌，也要抽出一定的时间来想想，你的目标是什么，为此需要做什么样的工作，以便达到什么样的效果。二十几岁的你，如果渴望自己能够有所成就，那么就不要再盲目地行动了，一定要养成先思后行的习惯，并且还要有思考的智慧，这样才不会白费力气走弯路。

在自省中不断完善自己

每个人都不可能永远不犯错误。因此，及时的反省和自我批评往往是纠正自身错误、实现快速转变的关键所在。面对激烈的竞争，面对瞬息万变的环境，那些不愿意反省自己或者不愿意及时改正错误的人，必将面临衰败的结局。同时，在快节奏的信息社会中，一个人如果不能及时察觉自身的缺点，不能用最快的速度修正自己的发展方向，也必然会在学业和事业中落伍，被无情的竞争所淘汰。

富兰克林小的时候，家境很穷。所以，他只在学校读了一年书就不得不出去工作。然而，童年时的贫寒并没有消磨他的意志，反倒让他更加上进，最终成了美国杰出的政治家、外交家，受人敬仰。

第七章 前进的路上，不妨适当停下来想想

其实，富兰克林并不是天才。那么，除了刻苦勤奋外，他是不是还有什么成功的秘诀呢？

事实上，在富兰克林的身上，有一种非常重要的品质，那就是经常反省自己。正是这种品质，促使他不断地发现自己的缺点，不断改进，成为一个拥有很多美德的人，最终走向成功。

每天晚上，富兰克林都会问自己："我今天做了什么有意义的事情？"

他检讨自己的缺点，发现自己有13种严重的缺点，而其中为小事烦恼、喜欢和别人争论、浪费时间这三个最为突出。他通过深刻的自我检讨认识到：如果要成功，就一定要下决心改造自己。

于是，富兰克林设计了一个表格。表格的一边写下自己所有的缺点，另一边则写上那些美好的品质，比如俭朴、勤奋、清洁、谦虚等。他每天检查，反省自己的得与失，立志改掉缺点，养成那些美德。这样持续了几年，他终于获得了一定的成绩。

美国"氢弹之父"爱德华·泰勒具有极好的自我纠错习惯。他经常兴致勃勃地谈起自己的某个最新见解，不久后又会毫不留情地自我否决掉。尽管他的十个见解中往往大部分都是错的，可是他凭借有错就纠的好习惯，能够在"沙里淘金"，最终做出了不平凡的成就。

我们也可以这样问自己，我们到底是在不断提升自己，还是只顾面子，不肯跟自己"摊牌"呢？或许有正直不阿的指导者，曾经指出你所犯的错误，可是却遭到你的当面驳斥，因为你实在是不愿意相信，你并不如你自己想象中那样好。

一个善于自我反省的人往往能够发现自己的缺点或者做得不够好的地方，然后加以改正，使自己不断进步，并能够扬长避短，发挥自己的最大潜能，从而不断获得成功。

有这样一则寓言相信大家都不会陌生：

一只狐狸在跨越篱笆时滑了一下，幸而抓住一株蔷薇才没有摔倒，可它的脚却被蔷薇的刺扎伤了，流了好多血。

受伤的狐狸很不高兴地埋怨蔷薇说："你也太不应该了，在我向你求救的时候，你竟然趁机伤害我！"蔷薇回答说："狐狸啊，你错了！不是我故意要伤害你。我的本性就带刺，是你自己不小心，才被我刺到了。"

在我们的周围，也有很多这样的人，他们在遭遇挫折或犯了错误的时候，不是反躬自省，而是责怪或迁怒别人。

其实，犯错并不都是坏事。敢于不断犯错的人，往往也是最容易成功的人。因为他总是无所畏惧，敢于从各个角度尝试不同的办法，最后总能有所突破。人不怕犯错误，关键是要知错能改。对我们所犯的每一个错误，要对它有所分析，有所记录，不断地反省并时刻铭记，以避免下次重蹈覆辙。这样，错误就变成了经验，这些经验对你最后的成功至关重要。

不要在"随大流"中迷失自己

大流，一般说来，总是给人以正确、安全的感觉。于是，不少人都把"随大流"奉为处世名言。殊不知，这种盲目的"随大流"会使人们渐渐放弃思考的能力，日益迷失自己。因此说，要想成为杰出的人物，就必须摒弃"随大流"的思想，拥有自己的主见。

撒切尔夫人的父亲罗伯茨是英国格兰文森小城的一家杂货店店主。在玛格丽特5岁生日那天，父亲把她叫到跟前，语重心长地说："孩子，你要记住，凡事要有自己的主见，用自己的大脑来判断事物的是非，千万不要人云亦云啊。这就是爸爸赠给你的人生箴言，是爸爸给你的最重要的生日礼物，它比那些漂亮衣服和玩具对你有用多了！"

第七章 前进的路上，不妨适当停下来想想

从此，罗伯茨着意把女儿培养成一个坚强独立的孩子，下定决心要塑造她"严谨、准确、注重细节、对正确与错误严格区分"的独立人格。有了父亲这样一个"人生导师"，玛格丽特坚实地成长着。

罗伯茨其实并不穷，但家里的生活却很清淡艰苦，没有洗澡间、自来热水和室内厕所，更没有什么值钱的东西，玛格丽特有一阵子迷上了电影和戏剧，她几乎每周都去一次电影院或剧院，有一天当她的零用钱不够而向父亲"借"的时候，父亲坚决地拒绝了，因为父亲特意要为女儿营造一种节俭朴素、拼搏向上的氛围。从小父亲就要求她帮忙做家务，10岁时就在杂货店站柜台。在父亲看来，他给孩子安排的都是力所能及的事情，所以不允许女儿说"我干不了"或"太难了"之类的话，借此培养孩子的独立能力。

后来，玛格丽特入学后，她惊讶地发现她的同学有着比自己更为自由和丰富的生活，劳动、学习和礼拜之外的天地竟然如此广阔和多彩。他们一起在街上游玩，可以做游戏、骑自行车。星期天，他们又去春意盎然的山坡上野餐，一切都是多么诱人啊。

幼小的玛格丽特心里痒痒的，她幻想能有机会与同学们自由自在地玩耍。有一天，她回家后鼓起勇气，跟充满威严感的父亲说："爸爸，我也想去玩。"罗伯茨脸色一沉，说："你必须有自己的主见！不能因为你的朋友在做某件事情，你就也得去。你

要自己决定你该怎么办，不要随波逐流。"

见孩子不说话，罗伯茨缓和了语气，继续劝导玛格丽特："孩子，不是爸爸限制你的自由，而是你应该有自己的判断力，有自己的思想。现在是你学习知识的大好时光，如果你想和一般人一样，沉迷于游乐，那样就会一事无成。我相信你有自己的判断力，你自己做决定吧。"

听罢父亲的话，小玛格丽特再也不说话了。父亲的一席话深深地印在她的脑海里，她想："是啊，为什么我要学别人呢？我有很多自己的事要做呢。刚买回来的书我还没看完呢。"

罗伯茨经常这样教育女儿，要她拥有自己的主见和理想。在他看来，特立独行、与众不同最能显示一个人的个性，随大流只能使个性的光辉淹没在芸芸众生之中。

这种从小培养起来的判断力和决断力，使玛格丽特从一个普通的女孩，最终成为一位连任三届的英国首相、执政十二年、在世界政治舞台上叱咤风云的政治家。

有时候，多数人所做的不一定就是对的，跟着大多数人的步伐往前走可能是最安全的，但是盲目地随大流会让你失去自己的判断力，失去自己前进的方向，给你带来诸多不利影响。

随大流能带来个性的消失。我们的父辈从小就教导我们要向学习好的同学学习，要争当"三好学生"，一旦我们有一点"不务正业"，搞个实验设计或者学习个特长，都被立刻纠正或者叫停，因为那时大众的评判标准就是：学习好才是好学生，其他一概不管。

但是当进入新世纪以后，家长们都开始重视特长了，因为大家都在学，而且大有不学就落伍的感觉，于是乎，也不管孩子是否适合或者具备天赋，什么都要求孩子学，有的孩子甚至在一年内学了好几种特长，业余时间被剥夺不说，连正规的文化课都没学好，想有些个性，却什么都不精——就是这种从众的心理，造成了个性的消失。

而且，随大流的心理在群体高度一致性的基础上能使个人获得匿名感，因此，个人做事会无所顾忌，这种情况通常发生在做一些违背原则的事情时出现。比如，过马路红灯亮时，本来还打算遵守交通规则等绿灯亮时再走，但是发现闯红灯的人越来越多，于是便有了"大家都闯，自己一个人也没什么大事"的想法，也就无所顾忌了。大家都在好好地排队买票，突然有两个人不自觉地加塞，当时估计还很气愤，在内心谴责那两个人，但是发现第三个、第四个也加塞了，到第五个时终于绷不住了，也无所顾忌地加入到加塞的行列。还有很多像随地吐痰、贪小便宜、不遵守公共规则等现象，都是这种从众的行为，导致很多不文明成了一种屡禁不止的社会现象。

就这样，随大流的心理因为群体的共同行为给个人带来了淹没感，扼杀了创新的勇气和锐气。"少数服从多数"，是我们在选举或者决策中经常采取的方式，从课堂上的发言到开会时的表决，从思维的定式到惧怕风险的承担，无一例外地都有从众心理在作祟。这种心理有的是因为利益，有的是因为怕出风头，有的是因为要明哲保身，有的是因为害怕承担责任，而这一切最终的结果就是将本来刚刚萌发的新思路和新观点活活地扼杀在萌芽状态。也正是因为这种心理的影响，让我们的社会丢掉了不少创新。

　　随大流不是一无是处，在很多榜样的树立、规则的制订和执行、文化的继承和发扬等方面也起到过积极作用。但是在当今提倡创新、鼓励个性飞扬的年代，我们就不要在随大流中迷失自己，要有坚定的主见，保持思想的独立性。

第八章 抛开浮躁的心绪

克服负面情绪，让自己更阳光

情绪是人对外界的一种正常心理反应，有消极和积极之分，如果让负面情绪占领了内心，将会给自己的生活、工作或事业造成难以估量的损失。克服负面情绪是人类在其成长过程中不可少的东西，因为任何人的能力都会有所不足，因而就易产生负面情绪，为了避免被负面情绪控制，要学会及时调整自己的情绪。

那些被负面情绪控制的人只注重事物的表象，无法看透事物的本质。他们只相信运气、机缘、天命之类的东西。看到人家发财了，他们就说："那是幸运！"看到他人知识渊博、聪明机智，他们就说："那是天分。"发现有人德高望重、影响广泛，他们就说："那是机缘。"

在职场中，积极的情绪是我们职业向前发展的动力，负面的情绪更多的时候阻碍了我们的职业发展。我们应该把积极的情绪带到公司，让大家分享自己的快乐的同时，更会推动自己的工作良性发展。

  桑德斯上校退休后拥有的所有财产只是一家靠近高速公路旁的小饭店。饭店虽小，但颇具特色，与众不同。可最受欢迎的、也是客人最爱吃的一道菜就是他发明烹制的香酥可口的炸鸡，仅此就给他带来了一笔可观的财富。

  多年来，他的客人一直对他烹制的炸鸡赞赏有加。可是令他万万没想到的是，由于高速公路改道别处，饭店的生意突然间一落千丈，最后只好关门歇业。被逼无奈，桑德斯上校决定向其他饭店出售他制作炸鸡的配方，以换取微薄的回报。

  虽然桑德斯上校在推销的过程中，遇到了各种困难，但是，他并没有产生负面情绪，而是积极地寻找认同他的客户。他始终没有放弃，在没有找到买主之前，他开着车走遍了全国，吃住都在车上，就在被别人拒绝了1009次后，终于有人同意采纳他的想法，购买他的配方。从此他的连锁店遍布全世界，也被载入了商业史册。这就是肯德基的由来。

  人们为了纪念这位桑德斯上校，就在所有的肯德基店前树立一尊他的塑像，以此作为肯德基的形象品牌。

  有些人宁愿费尽心机去逃避工作，却不愿花点心思来做好工作，任何管理者都清楚，缺乏工作责任心的人是难以委以重任的。

　　弗兰克在一家建筑公司做木匠，在他要退休的时候，老板对他说，让他帮忙盖最后一座房子。但是，因为马上就要退休了，木匠先生已经不愿意再付出更多劳动，老板的要求让他产生了强烈的负面情绪，他不情愿地开始了最后的工作。

　　受到负面情绪的影响，弗兰克不再认真地工作，用料也不那么严格，做出的活也全无往日的水准。老板看在眼里，但却什么也没说。

　　等到房子盖好后，老板将钥匙交给了弗兰克。"这是你的房子，"老板说，"我送给你的礼物。"老木匠愣住了，悔恨和羞愧溢于言表。他一生盖了那么多豪宅华亭，最后却为自己建了这样一座粗制滥造的房子。

　　同样一个人，可以盖出豪宅华亭，也可以建造出粗制滥造的房子，不是因为技艺减退，而是在于他以什么样的情绪来对待自己的工作。许多人在工作中都抱着这样一种负面的想法：我的老板太苛刻了，根本不值得如此勤奋地为他工作。然而，他们忽略了这样一个道理：工作时虚度光阴会伤害你的雇主，但受伤害更深的是你自己。

如果一个人希望自己一直能有杰出的表现，就必须始终让积极的情绪来主导人生。否则就会像老木匠弗兰克一样，被自己的负面情绪害得悔恨一生。

抛弃浮躁，成功不能一蹴而就

生活中常说的急性子、毛手毛脚、心浮气躁，想一口气吃出个胖子、一锄头挖口井等等，都是缺乏耐力、性格急躁的表现。

克莱门特·斯通曾说："理智无法支配情绪，相反行动才能改变情绪。"对于这样的表现，深层的原因很复杂，比如社会的竞争压力、快速的生活节奏等。的确，由于生活的环境，我们很容易被改变。

"不浮躁"是员工最起码的工作态度，也是职场最基本的要求。你可以能力低于别人，但如果你连不浮躁地去工作都做不到，那么你的工作是存在风险的，职位也是不牢固的。一个做事不浮躁的人，凡事都能尽心尽力去做，这样的员工是受老板青睐的，也是有前途的。

在芝加哥一家百货公司受理顾客提出抱怨的柜台前，许多女士排着长长的队伍，争着向柜台后的那位年轻女郎，诉说她们所遭遇的困难，以及这家公司不对的地方。在这些投诉的妇女中，有的十分愤怒且蛮不讲理，有的甚至讲出很难听的话。而柜台后的这位年轻小姐，一一接待了这些愤怒而不满的妇女，丝毫未表现出一点儿憎恶。她脸上带着微笑，指导这些妇女前往相应的部门，她的态度优雅而镇静，使在场的人感到非常惊讶。

站在她背后的是另一位年轻小姐，在一些纸条上写下一些字，然后把纸条交给站在前面的那位女郎。这些纸条很简要地记下了妇女们抱怨的内容，但省略了这些妇女原有的尖酸而愤怒的语气。原来，站在柜台后面、面带微笑聆听顾客抱怨的这位年轻小姐是个聋子。她的助手通过纸条把所有必要的事实告诉她。有人对这种安排十分感兴趣，于是便去访问这家百货公司的经理。

经理说，他之所以挑选一名耳聋的女郎，担任公司中最艰难而又最重要的一项工作，主要是因为他一直找不到其他具有足够忍耐力的人来担任这项工作。

我们要坚信机会来自于汗水，一分耕耘一分收获，只有今天的努力，才能换来明天的收获。机会随时都在你身边。主动地工作，实际上就是主动地抓住机会。同样的两个员工，一个浮躁，一个高效，不同的工作态度也注定了他们职场生涯的不同。尽管我们都希望自己可以成就一番事业，但也要先从每件小事踏实地做起。即使事情再小，只要做出成绩来，就有被提升的机会。坐而空谈，不如起而实施。踏实做事，好过夸夸其谈。公司领导不是傻子，领导大多数还是更喜欢踏实做事的员工，因为他们心里清楚，只有踏实地为公司做事的人才会给公司创造更多的价值。

在这样一个浮躁的时代，能够静下心来，耐心地做一件事情的确不容易，但是没有任何成功，可以就这样轻而易举地达到。而且，缺乏耐心，在这个细节决定命运的时代，一样不会有好的结果，因为往往太过急躁的人，容易在不经意之间忽视掉许多重要的环节。职场上，不浮躁不仅仅是为了对老板有个交代，更重要的一点是，不浮躁地工作是一种使命，是一个职业人士应具备的职业道德。在工作中，我们要面对各种各样的问题和矛盾，要处理各种各样的工作，以什么样的态度和方式处理工作，解决工作中出现的问题，反映着一个职场人的核心素质，也决定着一个人能否在职场上立于不败之地。

如果你在工作上做事稳重，不急躁，认认真真，踏实不浮躁，你会一辈子从中受益。浮躁是一个人在工作中最具破坏性的习惯之一。客户说了几句你不希望听到的话，你就立即针锋相对，用同样的话进行反击，这对你的工作业绩是一种致命的损害。

面对职场和人生，态度越主动、越积极，前程便越光明、越美好，用什么样的态度面对工作与生活，就会拥有什么样的人生。

一个商人从事航海贩运发了大财。他曾屡屡战胜风险,各种各样恶劣的气候和地形都没有对他的货物造成损失,似乎命运女神格外垂青于他。他所有的同行都遭到过灾难,只有他的船平安抵港。人们追求奢侈的欲望使他财源广进,他顺利地贩卖了运回来的砂糖、瓷器、肉桂和烟草。总之,他很快就成了腰缠万贯的大富翁。成功来得如此容易,让他的心态开始浮躁起来,他不再踏实地工作、经营。

他开始挥霍。

一个朋友目睹了他的豪华盛宴之后,羡慕地说道:"您的家常便饭就有这样的气派,真让我大开眼界!""这还不是靠我自己的努力奋斗,靠我的聪明才智,靠我的独具慧眼,才能抓住机遇获得今天的成就!"这位商人认为赚钱是件极容易的事,因此,他把赚得的钱拿出来搞投机。

但这一次可没有什么好运气了,第一条船设备很差,碰到一点儿风浪就翻了船;第二条船连必要的防御武器都没有,海盗连船带货都一齐掳了去;第三条船呢,虽然平安到港了,但一时间经济萧条,没有了往日那种追求奢华的风气和购物狂潮,货物也因为积压过久而变质了。另外,代理人的欺骗和他花天酒地、挥金如土的生活方式也花费了他不少的钱财。

他的朋友看到他如此迅速地陷入一文不名的境况,问他道:"这是怎么回事?"商人悔不当初,"唉,别提了,我太浮躁了,很多事情都没有处理好,没有考虑长远,就开始了享乐,才会有今天的后果。"

在职场中也是如此,别让浮躁成了绊脚石。浮躁是成功的最大敌人。一个企业家可能因为浮躁没能及时做出关键性的决策而遭到失败,一个学生可能因为浮躁没有及时掌握应有的知识而失去上大学的机会。浮躁到头来只会导致问题铢积寸累,难上加难。有很多人刚刚入职时还激情满怀,但是刚刚取得一点成绩后,就浮躁起来,在工作中就变得不思进取,做事变得拖拉起来,效率低下,注定要被竞争激烈的市场所淘汰。

脚踏实地,不好高骛远

当今社会充斥着浮躁和急功近利之风,缺乏脚踏实地的务实精神是当代很多人的通病。其症状大多是:好高骛远,眼高手低;说得多,做得少;大事做不来,小事不想做。这些人整日幻想着一夜成名、一举成功的美梦,却从不踏踏实实地做好每一件事。

荀子说过,不积跬步无以至千里,不积小流无以成江海。这是非常简单的道理,但又有多少人能一丝不苟地认真领会精神并付诸实施呢?

现在很多求职的朋友讲起道理头头是道,深明其理,但一提到要俯身躬亲就手忙脚乱,一塌糊涂了。有些人自认为高等学府出身,恃才是傲,看不起小单位、小公司,不肯降尊屈就,即便工作了也自认为高人一等,满眼轻蔑,殊不知这是最令人讨厌的。

涉世未深的年轻人志向远大，心中拥有宏伟蓝图是值得赞赏的，但是眼高手低、急功近利，只会事倍功半，甚至会半途而废。古人云，一屋不扫何以扫天下。现在很多人就是犯这样一个错误，心高气盛，这山望着那山高，不屑于抄抄写写的琐事，不爱干扫地抹灰的苦事，频繁跳槽，给用人单位留下的印象就是大事做不了，小事又不做的庸才。

千里之行，始于足下。伟大的事业都是由无数个微不足道的小事情积累而成的，成就大事的第一步就是先要完成小事。要将每天看成是学习的机会，这会令我们在公司和团体中进步更快，在与自己能力和经验相称的工作岗位上更好地证明自己的能力。倘若有晋升的机会，上司也会第一个想到你。因为每一个老板基本上都会觉得，勤勤恳恳，全神贯注，充满热情的员工更有价值的。

英国哲学家约翰·密尔说过"生活中有一条颠扑不破的真理，不管是最伟大的道德家，还是最普通的老百姓，都要遵循这一准则，无论世事如何变化，也要坚持这一信念。它就是：在充分考虑到自己的能力和外部条件的前提下，进行各种尝试，找到最适合自己做的工作，然后集中精力、全力以赴地做下去。"

比方说，很多人都认为补鞋是低微的工作，而有的人则把它当做艺术来做，全身心地投入进去。不管是打一个补丁还是换一个鞋底，他们都会一针一线地精心缝补。另外一些人截然相反，随便打一个补丁,根本不管它的外观,自己只是在谋生,根本没有热情来关心工作的质量。前一种人热爱这项工作,不是总想着从修鞋中赚多少钱,而是希望自己手艺更精,成为当地最好的补鞋匠,这就是实干的精神。

纵观成功人士之路,无不具备这样的实干精神——从小事做起。从来没有做大事的人一走入社会就马上取得辉煌的业绩。很多大企业家是从伙计做起,很多将军是从士兵做起。像国内一些经济风云人物,他们都是先从小事做起,先赚小钱,不断发展企业的。或许这些人都是大人物,离我们的生活圈远些,那么就来看看身边的普通人物。

有一位室内设计专业的毕业生,不像其他同学一样挑选什么大公司,而是在一家很一般的公司里工作,兢兢业业,把工作当做学习的好机会。

由于他踏实工作,业绩也很好,所以老板很欣赏他。两年后,他的老板就出资让他开公司,现在他已经迈进百万富翁的行列了,很令人羡慕。

试想,如果他当初眼高手低,凭能力大公司进不去,小公司又瞧不起,高不成低不就地挂着,还会有他今天的成功吗?

还有一个例子,有一个人以前是给人家烧砖窑的,现在已经是资产千万的小房地产商了。原来，他先开始烧砖，后来转为泥浆工，再后来就成了包工头，接着就转向房地产开发了。

以上两例都是普通得再也不能普通的例子，但是却蕴涵很深刻的道理。每个成功人士，都是一步步走来的，从小事情做起的。

这个世界是现实的，只有用行动才能改变自己的窘迫状态，初涉人世而野心勃勃、想成就一番事业的朋友，不要不屑于从小处做起。从工作、生活中的一点一滴做起，最终必定会取得成功。正所谓"大风起于青萍之末"，没有行动作为发端，一切都是理论上的言论，都是虚幻的。只有俯下身来，脚踏实地，一步一个脚印，才能做出一番事业。

勤奋不只是劳力,还要劳心

成功离不开勤奋,但勤奋并不是要机械性地工作,不是做个整天忙里忙外的机器人,要随时思量自己的所作所为,要在工作中学习知识、总结经验,并及时用正确的思路调整偏差,规划未来。

大家都知道犹太人的聪明世界闻名,犹太人的生存法则之一就是培养勤勉的习惯。在犹太人的家庭里,父母很注意培养子女的勤勉精神。犹太人认为,对于勤劳的人,造物主总是给他最高的荣誉和奖赏。而那些懒惰的人,造物主不会给他们任何礼物。但是,犹太人同时也认同《塔木德》中的教诲:"仅仅知道不停地干活显然是不够的。"

一位下属在喝醉的时候曾经这样自嘲地对犹太老板说:"讲到

勤奋，你不如我；论成功，我根本不敢和你比。这是为什么呢？"

老板听了，露出一脸的愕然，然后说道："为什么你们会以为我应该比你们更加勤奋呢？为什么我非要比你们勤奋才能赚钱呢？我从来没有想过自己的钱是靠勤奋赚来的。尽管我也曾经勤奋过，那已经是在很多年前的事了。那时候，我替自己的老板工作，在那个年代，我比你们要勤奋刻苦得多，却没有你们现在赚得多。在这个社会，大部分的人都勤奋，但不是大部分的人都能够发财，靠勤奋发不了财。"

下属诧异地问道："发财不是靠勤奋，那靠什么呢？"

老板调侃着说："我的长处，是提供让别人有机会勤奋的工作职位，而不是我要比他们更加勤奋。"

由此看来，很多犹太商人之所以能够享受着富足的生活，并不是沉重的劳动带来的，更不是拼命地工作、盲目地跟随换来的，而归功于一个富足的头脑。他们总是专心自己的事情，把时间用在真正需要的地方。或者可以这样说，与其默默无闻地埋头苦干，不如多动些脑子。

从前，有个不起眼的小村庄，村里除了雨水，没有任何水源。为了解决这个问题，村里的人决定对外签订一份送水合同，以便每天都能有人把水送到村子里。

有两个人愿意接受这份工作,于是村里的长者把这份合同同时给了这两个人。得到合同的两个人中一个叫吉姆,他立刻行动起来。每天奔波于1里外的湖泊和村庄之间,用他的两只桶从湖中打水运回村庄,并把打来的水倒在由村民们修建的一个结实的大蓄水池中。

每天早晨,他都必须起得比其他村民早,以便当村民需要用水时,蓄水池中已有足够的水供他们使用。由于起早贪黑地工作,吉姆很快就开始挣钱了。尽管这是一项相当艰苦的工作,但是吉姆很高兴,因为他能不断地挣钱,并且他对能够拥有两份专营合同中的一份而感到满意。

另外一个获得合同的人叫汤姆。令人奇怪的是,自从签订合同后,汤姆就消失了。几个月来,人们一直没有看见过汤姆。这点令吉姆兴奋不已,由于没人与他竞争,他挣到了所有的水钱。汤姆干什么去了?他做了一份详细的商业计划书,并凭借这份计划书找到了4位投资者,他们和汤姆一起开了一家公司。

6个月后,汤姆带着施工队和投资回到了村庄。花了整整一年的时间,汤姆的施工队修建了一条从村庄通往湖泊的大容量的不锈钢管道。这个村庄需要水,其他有类似环境的村庄一定也需要水。于是他重新制订了自己的商业计划,开始向全国甚至全世界的村庄推销他快速、大容量、低成本并且卫生的送水系统。每送出一桶水,他只赚1便士,但是他每天能送几十万桶水。无论他是否工作，人们都要消费这几十万桶的水，而所有的钱便都流入了汤姆的银行账户中。

显然，汤姆不但开发了使水流向村庄的管道，而且还开发了一个使钱流向自己钱包的管道。从此以后，汤姆幸福地生活着，而吉姆在他的余生里仍拼命地工作。

我们说，勤奋只是成功的一个必要条件，却不是取得成功的充分条件。企业家不需要依靠个人的勤奋来争取企业的成功，关键在于他是否有能力让下属更加勤奋。所以，他们的心思主要是放在如何将手上的资源最充分地加以利用，而不是对自己最充分地加以利用。

有这样一个寓言故事：

大象、狮子、骆驼决定一起进沙漠寻找其生存的空间。在进入沙漠前，天使告诉它们说，进入沙漠后，只要一直向北走，就能找到水和食物。进入沙漠以后，它们发现沙漠比它们想象的大多了，也复杂多了。最要命的是，它们不久就失去了方向。它们不知道哪个方向是北。

大象想，我这么强壮，失去方向也没有什么关系。只要我朝着一个方向走下去，肯定会找到水和食物的。于是，它选定了它认为是北的方向，不停地前进。走了三天，大象惊呆了，它发现自己回到了原来出发的地方。三天的时间和力气就这样白费了。大象气得要死，它决定再走一次。

它一再告诫自己不要转弯，要向正前方走。三天过后，它发现，它竟然又重复了上一次的错误。大象简直要发疯了，它不知道为什么会这样。此时，它又饿又渴，决定休息后，再度出发。可是，接下去每一次都是相同的结果。不久，大象就精疲力竭而死。

狮子自恃奔跑得很快，便向自认为是北的方向奔去。它想，凭我这样快的速度，再大的沙漠也能够穿越。可是，它跑了几天后却惊异地发现，它越是向前，草木越是稀少，最后，它已经看不到任何绿色植物了。它害怕了，决定原路返回。可是，当它原路返回的时候，迷失了方向。它越是向前，越是不毛之地。它左突右奔，但是都没能找到目的地。最后只有绝望而死。

只有骆驼是一个智者。它走得很慢，它想，只要找到北，只要不迷路，用不了三天，一定会找到水和食物的。于是，它白天不急于赶路，而是休息。晚上，天空中挂满了亮晶晶的星星，骆驼很容易地找到了那颗耀眼的北斗星。每天夜里，骆驼向北斗星的方向慢慢地行走。白天，当它看不清北斗星的时候，它就停下来休息。

三个夜晚过去了。一天早上，骆驼猛然发现，它已经来到了一片水草丰美的绿洲旁。骆驼就在这里安了家，从此过上了丰衣足食的生活。

骆驼成功的秘诀就在于它找准了前进的方向。故事告诉我们，没有正确的方向，再大的本领也是没用的；没有正确的方向，再多的努力也是没有效果的。

从上学时，老师就经常告诉我们学习要讲究方法，勤奋是必不可少的，但方法也很重要。勤奋+方法=高效。同样，我们走进社会后，这个道理也永恒不变。

勤奋不等于成功。古语说，劳心者治人，劳力者治于人。我们抛开对劳心、劳力者身份不平等的看法，这句话的另一层意思就是说，如果你劳心了，你可以站得很高；如果你只是劳力，那么你永远站不高。

有个美国记者问爱因斯坦成功的秘诀，他回答说："当我还是22岁的青年时，我已发现了成功的公式：$A=X+Y+Z$，A是成功，X是努力劳动，Y是正确的方法，Z是少说空话。勤奋努力是成功路上的脚步，正确方法能加快我们的脚步。

因此，要成功，努力是必要的。但努力绝非费力，做事情要有成效，你必须找出最省力的方法。

拒绝浮躁，做事不要贪大

　　一些大学生初出茅庐，实际工作经验和业绩没多少，却有一种初生牛犊不怕虎的气势，以为自己本领在手，天下尽在掌握中。可真正做起事来却心浮气躁，小事不愿做，大事做不了，处于一种悬在半空的尴尬状态。

　　年轻人或多或少都有一些浮躁情绪，这似乎是一个自然规律。然而，能否尽快学会摆脱浮躁则是决定一个人能否顺利成功的关键。下面这个故事或许就能给这些还处于浮躁状态的年轻人一些启发。

　　许多年前，美国兴起石油开采热。有一个雄心勃勃的青年也来到了采油区。但开始时，他的本职工作是检查石油罐盖是否自动焊接完全，以确保石油被安全地储存。每天，青年都会上百次地监视着机器的同一套动作。首先是石油罐通过输送带被移送至旋转台上，然后焊接剂自动滴下，沿着盖子回转一周，最后，油罐下线入库。他的任务就是监控这道工序，从清晨到黄昏，检查几百罐石油，每天如此。这的确是一个非常简单而又枯燥的工作。

时间长了，青年觉得很不平衡：我那么有创造性，怎么能只做这样的工作？于是便去找主管要求换工作。没料到，主管听完他的话，只是冷冷地回答了一句："你要么好好干，要么另谋出路。"那一瞬间，他涨红了脸，真想立即辞职不干了，但考虑到一时半会儿也找不到更好的工作，于是只好忍气吞声地又回到了原来的工作岗位。

回来以后，他突然有了一个感觉：我不是有创造性吗？为什么不能就在这个平凡的岗位上做起来呢？

工作了一段时间后，青年人在机器上百次重复的动作中，注意到了一个非常有意思的细节。他发现罐子每旋转一次，焊接剂一定会滴落39滴，但总会有那么一两滴没有起到作用。他突然想到：如果能将焊接剂减少一两滴，这将会节省多少焊接剂？于是，他经过一番研究，研制出了"37滴型"焊接机。但是用这种机器焊接的石油罐存在漏油的问题。但他不灰心，很快又研制出了"38滴型"焊接机。这次的发明既解决了漏油问题，同时每焊接一个石油罐盖都会为公司节省一滴焊接剂。虽然节省的只是一滴焊接剂，但"一滴"却给公司带来了每年5亿美元的新利润。

这位青年，就是后来掌控美国石油业的石油大亨——约翰·洛克菲勒。

当小事情被明智而有远见的人发现时，小事情的价值就可以充分地体现出来。无数事实证明，很多看似无关紧要的小事往往是构成惊天动地的大事的基础。

作为一个刚毕业的大学生，学习和历练往往才是最重要的。不要眼高手低，只想着一步登天，这样只会让你一朝跌底，摔得头破血流。下面这个故事就说明了这个道理。

同一所大学毕业的两个国际贸易系的同学，在校时都品学兼优，特别是在英文和计算机操作方面优势突出，毕业后又一同到了北京一家著名的外企公司，令同学们羡慕得不得了。没想到，两个月后，同学甲就因为另外一家外企的高薪、股权诱惑，背着同学乙离开了公司。而同学乙对本公司文化已经非常认同，并不看好同学甲去的那家公司，苦劝甲不要贸然跳槽，但被冲昏了头脑的同学甲去意已决，当月就走人了。

然而令同学甲没有想到的是，那家外企的资金链异常脆弱，还处于四处融资阶段。不久新公司的运转就出了问题，连正常薪水都无法发放。于是，同学甲又跳槽了。在余下的时间中，他就像一头寻不到猎物的狮子一样到处碰壁，一次比一次失望，后悔当初的举动……短短几年时间里，同学甲已经相继涉足了软件、网络、销售、广告、翻译、汽车、出版等多种行业，什么都会一点，但什么都不精通、不专业，只好一直做初级工作，以前的技术也落后了。奋斗了几年，还是两手空空。

在看完上面的故事之后，你是否能进一步地认识到"做事不贪大"对我们人生的重要性呢？你是否进一步理解"做事不贪大"是我们能将理想、抱负付诸行动的唯一保证呢？只有去做我们才能获得成功，而所谓的成功并非一定要做出什么惊天动地的大事，只要我们能脚踏实地，勤勤恳恳地将身边的事情做好，就足够了。

要知道，在我们的生活、工作中绝大多数的事都是一些看起来并不怎么重要的小事，然而恰恰就是这些小事却直接影响到我们今后的成败，并且，只有当我们用心将这些小事做好时，才能够由小变大，由少积多，让小事变成大事。然而遗憾的是，我们在很多时候，总是看不起身边的这些小事，觉得做与不做没有多大的区别。这样一来，又怎么会以一种正确的态度去面对那些事，又怎么会去认真做呢？不去做，不付诸行动，自然不能实现自己的理想和抱负。

做好计划，才是聪明的选择

一个聪明的成功者往往是一个善于计划的人。善于计划就意味着一开始你就要想好事情应该怎么做，怎样做才更好，只有这样在一开始就做好计划，行动中才能有的放矢，不会盲目地瞎忙乱串。计划能力是员工最重要的能力之一，也是你提高工作效率，获得上司器重的重要砝码。

动物界蚂蚁的建筑能力一直是让人叹为观止的。蚂蚁之所以能以如此小的身躯建造出很多建筑家都感到瞠目结舌的建筑，正是因为它们严密的分工和有序的计划。应该说，计划是人区别于动物的重要能力之一，因此一个人的计划能力的高低也是他工作能力高低的重要方面。效率是企业的生命，没有计划必然会影响工作的效率和成果，这样的员工自然是企业所要淘汰的人。

因此，要想驰骋职场，立于不败之地，就要一开始就想好事情应该怎么做，怎样才能做好，这样有计划地实施工作，才能最终把工作做好，得到上司的器重。

一位商界名家将"做事没有计划"列为许多公司失败的一个重要的原因。许多笨人莫不是如此。工作没有计划，同时又想把蛋糕做大，总会感觉到手下的人手不够。没有计划、做事情没有条理的笨人，无论做哪一种事业都没有任何功效可言。而有计划、有条理、有秩序的聪明人即使才能平庸，他的事业往往也有相当大的成就。下面就是一个很好的例子。

李先生和洪先生是两家不同企业的老总。李先生是一个性急的人。不管你在什么时候遇到他，他都会表现得风风火火的样子。如果要和他谈话的话，他只能拿出数秒的时间，时间长一点儿，他就会伸手把表看了又看，暗示他的时间紧张。

他公司的业务做得虽然很大，但是开销更大。究其原因，主要是因为他在做事之前谈不上任何计划可言，他的工作安排得七颠八倒，毫无秩序。他做起事情来，也常为杂乱的东西所阻碍。结果，他的事情是一团糟。他经常很忙碌，从来没有时间来整理自己的东西。即使有时间，也不知道怎样去整理、安排。

洪先生则和李先生恰恰相反。他从来不会显出忙碌的样子，做事非常的镇静，总是显得很平静温和。别人不论有什么难事找他商谈，他总是彬彬有礼。

在他的公司里，所有的员工都是在静无声息地埋头苦干。什么事情都安排得有条不紊，各种事情也处理得恰到好处。他每晚都要整理自己的办公桌，对于重要的信件就立即回复，并且把信件整理得井井有条。所以，尽管他经营的规模要大过李先生的公司，但是别人从外表上总是看不出他有一丝一毫的慌乱。他每件事都办理得清清楚楚，他那富有条理、讲究秩序的作风，影响了全公司。于是，他的每一个员工，做起事情来也都是极有秩序。

一个人要想获得成功，首先得要有一个计划，没有计划的人肯定没有方向，没有目标。中国有这样一句俗话："吃不穷，穿不穷，算计不到才受穷。"这里面所说的算计，就是生活中的计划。有些人有钱的时候手里攥不住钱，花起来像流水，后来生病了卧床不起，望着天花板瞪眼抓瞎才知道犯愁。

职场也是一样。比如你是一名营销经理，你也要有一个工作计划，全年的任务是多少？我了解到每个月应该完成多少？我几年之内要增长多少？你没有计划，你前头就没有目标，你也就没有动力和压力，这样你还能发展吗？

把工作步骤事先安排好，不但有利于工作的展开，而且能提高工作效率，这样一来肯定比没有计划的人效率要高，自然可以处于领先地位，更容易把工作做得出色。而那些对于工作没有安排的人，遇到繁重与复杂的工作时，便"胡子眉毛一把抓"，没有头绪，结果往往会很糟糕。的确如此，把简单的事情想得复杂，或者把复杂的事情想得无比艰难，都是自己把自己吓倒的。

罗斯福总统是一个注重计划的人，他经常习惯性地把自己所该做的事都记下来，然后拟订一个计划表，规定自己在某时间内做某事。如此，他便按时做各项事。

通过他的办公日程表可以看出，从上午9点钟与夫人在白宫草地上散步起，至晚上招待客人吃饭等为止，整整一天他总是有事做的。当该睡觉的时候，因为该做的事都做了，所以他能完全丢弃心中的一切忧虑和思考，放心地入睡。

细心计划自己的工作，这是罗斯福之所以办事有效的秘诀。每当一项工作来临时，他便先计划需要多少时间，然后安排在他的日程表里。他既然能够把重要的事很早地安插在他的办事程序表里，所以他每天能够把许多事在预定的时间之内做完。

一开始便能计划好怎么把事情做好的人才是聪明的人，也是能够在职场中立于不败之地的人。